专业视频剪辑师
全流程手册

彭婧 著

人民邮电出版社

北　京

图书在版编目（CIP）数据

专业视频剪辑师全流程手册 / 彭婧著. -- 北京：人民邮电出版社，2025. -- ISBN 978-7-115-66742-7

Ⅰ. TP317.53-62

中国国家版本馆 CIP 数据核字第 20255P5D32 号

内 容 提 要

本书是一本全面且实用的视频剪辑指南，全书分为理论基础与软件实操两大部分。前半部分涵盖剪辑理论、镜头景别、镜头拍摄角度、镜头运动方式等基础知识，帮助读者理解剪辑逻辑；后半部分聚焦剪映专业版软件，详细讲解音频编辑、字幕处理、画面调色、关键帧动画、剪辑中的转场，以及蒙版和混合模式等，实现理论与实践的深度结合。

本书兼具系统性与实用性，将晦涩的专业知识转化为通俗易懂的内容，并通过大量实例展示剪辑技巧，帮助读者快速掌握视频剪辑的核心要点。无论是零基础的视频剪辑"小白"，还是有一定经验、渴望提升技能的视频剪辑爱好者，都能从本书中汲取养分，掌握剪辑基本功，为兴趣发展或职业进阶筑牢根基。

◆ 著　　　　　　彭　婧
　　责任编辑　　胡　岩
　　责任印制　　周昇亮

◆ 人民邮电出版社出版发行　　北京市丰台区成寿寺路 11 号
　　邮编　100164　　电子邮件　315@ptpress.com.cn
　　网址　https://www.ptpress.com.cn
　　北京九天鸿程印刷有限责任公司印刷

◆ 开本：880×1230　1/32
　　印张：6.75　　　　　　　　　　2025 年 8 月第 1 版
　　字数：208 千字　　　　　　　　2025 年 8 月北京第 1 次印刷

定价：59.80 元

读者服务热线：**(010)81055296**　印装质量热线：**(010)81055316**
反盗版热线：**(010)81055315**

前言

在影视制作中，剪辑是不可或缺的一环。通过剪辑，人们可以将零散的镜头组合成有逻辑、有节奏的叙事，从而提升观者的观影体验。同时，剪辑还能够突出影片的主题和信息，增强传播效果。对影视制作公司而言，拥有专业的视频剪辑师是完成影片后期制作的关键。

在当今信息爆炸的时代，个人的表达与创作也离不开剪辑。无论是制作个人 Vlog、分享生活片段还是创作短视频，都需要通过剪辑来将内容呈现得更加精彩和有趣。掌握剪辑技能，个人创作者可以更好地表达自己的创意和想法。

本书旨在为广大热爱电影、有志成为专业剪辑师的读者提供一本全面、系统的学习指南。本书从剪辑的基本概念和原理入手，通过丰富的实例和实践指导，帮助读者逐步掌握剪辑的核心技法。在内容编排上，本书力求做到深入浅出、循序渐进，让读者在轻松愉快的阅读中逐步提升剪辑水平。

目录

第 7 章 剪映：专业视频剪辑工具 093

第 13 章　蒙版与混合模式 …………………………… 209

第1章
视频剪辑理论基础

作为故事的编织者，剪辑师可以运用巧妙的技艺拼接与组合镜头，将原始素材巧妙地转化为连贯、有深度的故事。剪辑师的工作不仅是确保画面的流畅与连贯，更是要深度传达情感与主题。一位优秀的剪辑师，能够精准把握影片的节奏和氛围，引导观者沉浸在故事中，从而获得触动心灵的情感体验。若想要踏上成为剪辑师的旅程，首先必须深入了解剪辑的专业知识。本章将系统地介绍剪辑的理论基础知识，为读者在剪辑的道路上打下坚实的基础。

什么是剪辑

剪辑是指将拍摄的大量视频素材，通过选择、取舍、分解与组接，制作成一个连贯流畅、含义明确、主题鲜明并有艺术感染力的影像作品。在剪辑过程中，剪辑师需要了解影片的主题、情感和目标观者等因素，通过调整节奏和节拍，控制情感和情绪，让观者更好地理解和感受影片的主题和内容。

剪辑是影片制作一项必不可少的工作，也是对影片进行的一次再创作。剪辑师需要具备一定的艺术眼光和审美能力，通过巧妙的剪辑手法和技巧，让影片的故事和主题得以更好地展现出来，使影片呈现出最佳的视觉和情感效果。因此，剪辑既是一项技术性的工作，又是一项艺术性的工作。

剪辑的发展历史

剪辑的历史可以追溯到电影的早期时代，当时电影是一种记录现实活动形象的方式，还没有形成叙事手段。最初的剪辑主要是将多个镜头拼接在一起，以呈现连续的动作或场景。随着电影的发展，剪辑的技巧和手法也在不断地演进和改进。

在电影发展早期，剪辑主要集中在对拍摄好的影片进行整理和拼接，以完成一部完整的电影。这时候的剪辑技术相对简单，主要是将不同的镜头按照时间顺序拼接起来，形成连续的情节。

随着电影的发展，剪辑技巧和手法也日益丰富和多样化。剪辑师开始探索如何通过剪辑来打造更丰富的视觉效果和情感表达。这时候的剪辑不仅是一种技术，更是一种艺术。

20 世纪 50 年代，随着电视的出现和普及，电影剪辑也迎来了新的挑战和机遇。电影剪辑师需要适应电视的观看方式和特点，制作出更适合电视观者的剪辑效果。同时，随着电视节目的多样化和复杂化，剪辑技巧也变得更加丰富和多样化。

进入 21 世纪，随着数字技术的飞速发展，电影和电视的拍摄与制作技术也发生了革命性的变化。比如，电影和电视的拍摄和制作更加高效和灵活，同时也为剪辑带来了更多的可能性和挑战；剪辑师可以通过计算机软件对影视作品进行剪辑，大大提高了剪辑的效率和灵活性；剪辑师还可以通过数字特效和合成技术制作出更加丰富和逼真的视觉效果。

需要注意的是，随着技术的不断进步和艺术的不断创新，剪辑的技巧和手法也将不断地演进和完善。

直接切

剪辑切换方式中的直接切，又称硬切或跳切，是一种简洁明快的切换方式。它是指后一个镜头直接紧跟前一个镜头，不需要任何转场技巧，直接进行切换。这种切换方式能够产生强烈的冲击，强调前后镜头之间的对比或并列关系。

在剪辑中，直接切常常用于表现快速的动作、情绪的变化或者强调某些重要的信息。例如，在新闻报道中，为了快速切换不同的现场画面，常常使用直接切的方式，以突出事件的紧迫性和重要性。在电影制作中，也会用到这种技巧，如从一个紧张的场景直接切换到另一个场景，以营造紧张的氛围或产生强烈的视觉冲击。

需要注意的是，虽然直接切具有独特的视觉效果，但并非所有的场合都适合使用。在某些情况下，使用过于频繁或不当的直接切可能会破坏故事的连贯性和观者的观看体验。因此，在剪辑过程中，需要根据具体的剧情、节奏和观者的心理需求来选择合适的切换方式。下面的示例展示的是两个人正在对话的情景，通过直接切的剪辑手法转换到了男主角的镜头。

叠化

　　叠化转场是一种常用的视频剪辑技巧，它利用两个场景或画面的逐渐融合，创造出一种平滑的过渡效果。这种转场方式在风光类短视频中特别受欢迎，因为它能够帮助观者更好地理解和欣赏场景的变换，同时也能营造出一种浪漫、梦幻的氛围。

　　与直接的切镜头相比，叠化转场能够给观者一种更加平滑的感觉，使场景的变换更加自然。叠化转场特别适用于风光类短视频，因为这种柔化的过渡方式可以凸显风景的美丽和浪漫。通过叠化转场，可以让观者感觉到时间的流逝，从一个场景过渡到另一个场景。

划变

　　划变是一种特殊的转场技巧，即一个镜头画面逐渐被另一个镜头画面取代。根据构图的需要，可以选择从左到右、从上到下或从任意方向进行划变。一般来说，从左到右的划变更常见，因为它符合人们从左到右的阅读习惯。

　　划变转场具有一定的时长，需要控制好划变的速度。如果划变过快，可能会让观者感到突兀；如果划变过慢，则可能会让观者感到拖沓。因此，需要根据具体情况调整划变的速度，以达到最佳的视觉效果。

　　划变转场需要选择合适的切入和切出画面，以确保转场自然、流畅。一般来说，可以选择与上下文相关的画面作为切入和切出画面，以引导观者的视觉和注意力。

　　在某些情况下，还可以为划变转场添加专门的声音效果，如嗖嗖声等，从而增强转场的视觉冲击力。

淡入淡出

淡入淡出是一种常见的电影剪辑技巧，它通过逐渐增加或减少镜头画面的亮度来实现场景之间的过渡。

淡入是指下一段画面的第一个镜头从全黑逐渐变亮，直至恢复正常亮度，就像舞台的"开幕"。淡出是指上一段画面的最后一个镜头由正常的亮度逐渐降低，直至完全变黑，就像舞台的"落幕"。

淡入淡出转场适用于任何需要从一个场景过渡到另一个场景的情况，特别是在需要强调两个场景之间的对比或表达时间流逝的场景中。第一个画面的亮度逐渐降低实现镜头淡出，第二个画面的亮度逐渐提高实现镜头淡入。

导入

在剪辑流程中，导入是第一步，主要涉及收集所有需要的素材，包括拍摄好的镜头素材、声音素材，以及后期制作可能需要的音乐等其他素材。

在导入阶段，需要注意检查收集到的素材的格式是否能被剪辑软件识别。如果素材的格式不能被软件识别，那么可能需要对素材进行编码转换，以便在剪辑过程中能够顺利使用。

同时，导入阶段也涉及对素材的初步评估，确定哪些素材是需要的，哪些可能是不需要的，从而为后续的剪辑工作做好准备。打开剪辑软件，将所有素材导入到媒体区。

总的来说，导入是剪辑流程中非常关键的一步，它决定了剪辑师能否有足够的、合适的素材来完成后续的剪辑工作。示例图片显示的是将拍摄的视频导入剪映专业版"媒体"区的界面。

整理

剪辑流程中的整理通常指的是将所有原始素材分类和标记，为后续剪辑做好准备。这个过程是电影制作过程中非常重要的一环，有助于组织和管理大量素材，使剪辑师能够更方便地找到和使用所需的素材。

在整理阶段，剪辑师可能需要对素材进行初步的分析和评估，以确定哪些素材是需要的，哪些可能是不需要的。在整理过程中，剪辑师还可以对素材进行排序和标记，以便在后续的剪辑过程中能够快速找到所需的素材。打开剪辑软件，即可在媒体区对素材进行整理。

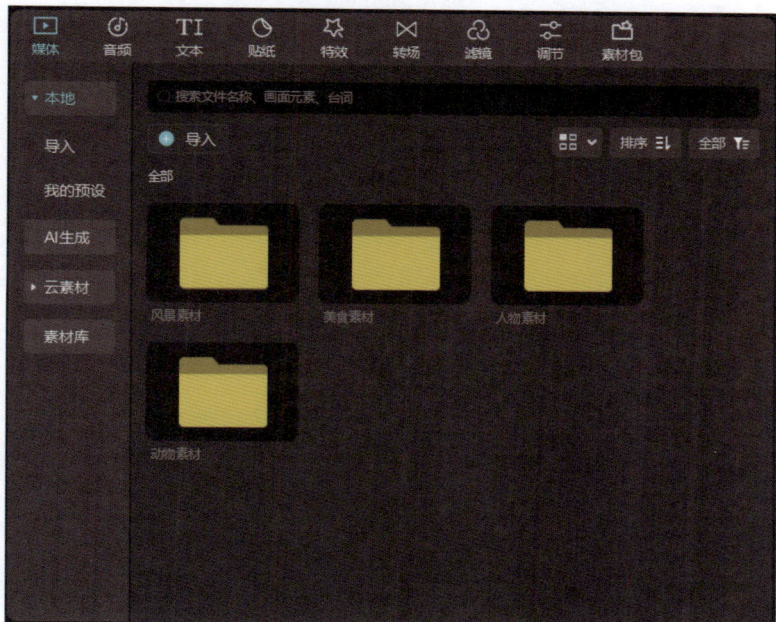

回看和筛选

在导入和整理好所有的拍摄素材后，剪辑师需要回看这些素材，进行筛选和评估。在这个过程中，剪辑师会仔细观看每一个镜头，判断其质量、情感和故事价值，比如哪些镜头是精彩的，哪些可能不太理想，哪些可能需要进一步处理或改进。

对于精彩的镜头，剪辑师可能会加上注释，以便在后续的剪辑工作中快速找到并使用。同时，对于整理好的素材，剪辑师也会进一步分类和组织，使其更加有序，方便后续的剪辑工作。

需要注意的是，一些看似不太理想的素材也可能在未来的剪辑过程中发挥重要作用。因此，剪辑师在筛选过程中需要保持包容开放的心态，不要轻易放弃任何可能会用上的素材。

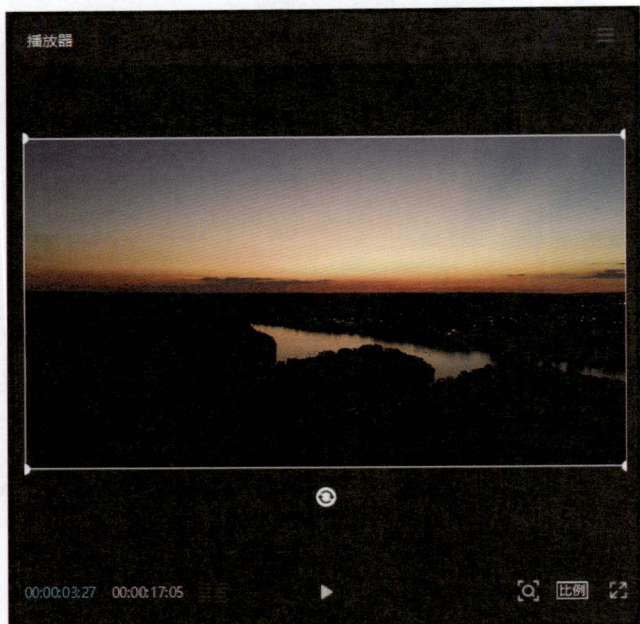

顺片

　　顺片是指剪辑师将拍摄的所有镜头按照剧本顺序进行排列和组合，形成一条初步的、未经修饰的影片版本。这个版本并不是最终上映的影片，而是成片的初稿，用于后续的剪辑和修饰工作。

　　顺片是剪辑师对整个故事线索的初次把握，也是剪辑师对影片整体节奏的初次尝试。在这个阶段，剪辑师需要对每个镜头的长度、剪辑点、音效、画面调整等进行初步的设想和安排，以构建出一个连贯、流畅的故事线。对于图片，则根据风景的顺序进行顺片。

　　顺片通常比最终成片的长度要长，因为在这个阶段，剪辑师需要尽可能地保留所有可能的素材，以便在后续的剪辑过程中进行选择和调整。同时，顺片也是剪辑师与其他制作人员（如导演、制片人、演员等）沟通和协作的基础，让大家对影片的整体效果和风格有一个初步的认识和了解。

　　因此，顺片在剪辑过程中具有重要作用，它既是剪辑师对影片的初次理解和呈现，也是后续剪辑工作的基础和依据。

粗剪

剪辑中的粗剪指的是将镜头和段落按照大概的先后顺序进行接合，形成影片的初样。这个过程主要是将所有原始素材按照时间线进行拼接，以展现预先设想的故事或情节。粗剪是对成片素材的第一次尝试，通常是在编剧和导演的初步构思下，将故事第一次在现实世界中展现出来。经过粗剪，会形成一个较为粗糙但结构完整的影片版本，为后续的精剪和其他制作环节打下基础。

精剪

剪辑流程中的精剪是指在粗剪的基础上，对每个镜头进行精细处理，包括剪辑点的选择、每个镜头的长度处理、整部影片节奏的把控、音乐音效的铺设，以及人物形象的塑造等，都要做到与播出版无异。精剪需要了解导演对画面的最终要求，以及对特效、字幕、配乐配音等的要求，并关注视频最终的播放效果。

注意，精剪也需要一步步修改，一次定版的情况几乎没有。同时，根据每个项目的不同情况和剪辑师的个人习惯，粗剪和精剪的标准也会有所不同，需要根据实际情况确定。

锁定图像

　　剪辑中的锁定图像（或称为固定画面）指的是在剪辑视频的过程中，将文字或画面锁定。锁定图像主要是防止在编辑视频画面的过程中发生不必要的移动和调整。通过锁定图像，可以确保选定的视频片段在编辑时保持固定，不会因为鼠标的移动或调整而发生变化。这对需要精确控制视频画面位置和大小的用户来说非常有用，尤其是在进行复杂的视频剪辑和特效处理时。示例图片中已将文字轨道锁定，防止剪辑师在后面的操作中影响字幕。

　　需要注意的是，锁定图像功能只对当前选定的视频片段有效。如果需要在其他视频片段上进行锁定操作，需要重新选择并锁定。此外，锁定图像并不会影响视频片段的播放和导出，只是在编辑过程中提供了一种固定视频画面的方式。

生成母版与交付

在剪辑流程中，生成母版与交付是最后的关键步骤。

生成母版是指在剪辑流程的最后阶段，所有的剪辑、特效、音频调整、颜色校正等都已经完成，并且经过反复的审查和修改，确保最终版本的质量。最终版本被称为"母版"。母版是最终的视频产品，所有的导出、复制、发布都将基于这个版本进行。

交付通常意味着将母版视频文件提供给需要的人或者机构，可能包括客户、制片人、广告商、电视台等。交付的方式可能因需求和平台而异，例如，可能需要将视频文件上传到特定的在线平台，或者通过电子邮件、FTP 等方式发送。

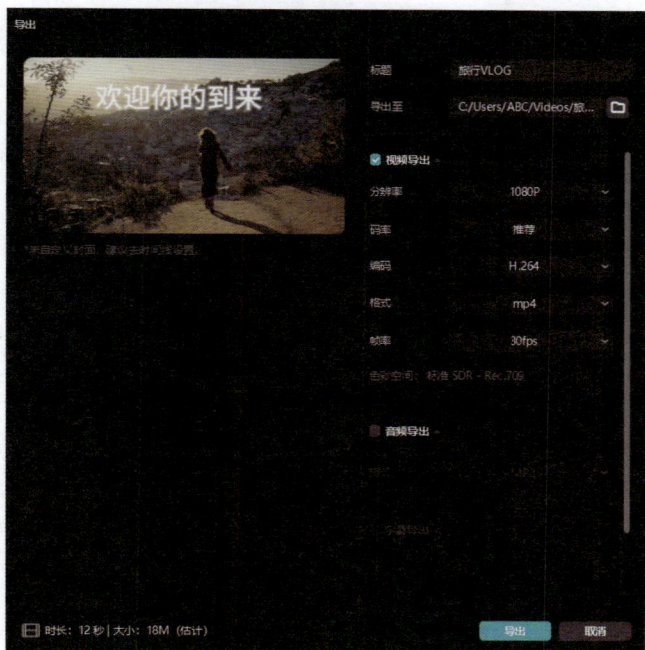

第 2 章

常见的镜头景别

在制作与剪辑影片的流程中，镜头类型的多样性不仅为影片注入了丰富的情感与信息，更创造出各具特色的视觉效果，深刻影响着观者对影片的整体感知与理解。因此，对剪辑师而言，深入了解并掌握各种镜头类型至关重要。本章将详细讲解不同镜头类型的特点及其发挥的作用，为读者提供系统、全面的专业知识支持。

远景镜头的特点及作用

　　远景镜头具有广阔的视野，常用来展示规模浩大的人物活动及人物活动的空间背景或环境气氛，比如表现开阔的自然风景、节日庆典等。这种镜头可以展现宏大的场景，营造一种宽广、深远的视觉效果。

　　远景镜头通常使用广角镜头拍摄，适合拍摄城市、山峦、河流、沙漠或者大海等户外类短视频题材，尤其适合拍摄短视频的片头，能够将主体所处的环境完全展现出来。

大远景镜头的特点及作用

　　大远景镜头视角宽广，能够展现广阔的空间和环境，使观者仿佛身临其境。由于镜头距离人物较远，因此人物在大远景镜头中通常显得非常渺小，细节无法辨认。这种表现方式使得画面更具概括性，突出了人物与环境的对比。大远景镜头能够充分展示事件的规模和气氛，使观者感受到场景的宏大和壮观。

　　大远景画面能够展现辽阔、深远的背景和宏大的自然景观，如莽莽的群山、浩瀚的海洋、无垠的草原等。大远景画面通常展示的是壮观的景象，带有强烈的气势，能够给观者带来强烈的视觉冲击。大远景画面往往能够唤起观者的情感共鸣，具有较强的抒情性，让观者在欣赏画面的同时，也能够感受到画面所传达的情感。由于大远景画面主要展现的是宏大的自然景观，因此其画面结构通常较为简单、清晰，能够让观者更加专注于画面的整体效果。

全景镜头的特点及作用

具备广泛的捕捉范围，能展示更为广阔的视野，为观者带来更为开阔的画面感受。全景镜头可以呈现出 360°的画面，使观者宛如置身现场，获得更为沉浸式的体验。由于全景镜头能捕捉到丰富的画面信息，因此它能提供更为细腻的细节，使观者对场景有更深入的理解。

全景镜头通过移动、旋转等手法展示多元视角，让观者从不同的角度欣赏场景，增强画面的动态感和趣味性。全景镜头能以较大的视角展现人物的身型、动作、服饰等信息，虽然表情、动作等细节表现可能略有不足，但全景视角的优势在于全面，能在一个画面中清晰地呈现各类信息。

中景镜头的特点及作用

　　中景镜头在场景建置方面具有重要作用。在发生戏剧性变化之前，中景镜头可以介绍环境、人物及其相互之间的关系。通过展示人物与周围环境的互动，中景镜头可以帮助观者建立对场景的整体感知。

　　中景镜头常用于对话密集的场景。通过捕捉人物的面部表情和动作，中景镜头可以增强对话的表现力和真实感，使观者更容易理解和感受角色的情感和意图。

　　中景镜头是纪实摄影的主要表现手法之一。它强调对客观存在和发生事件的真实记录，通过展示被摄体的主要部分，使观者能够感受到现场的真实氛围和情景。尽管中景镜头以纪实的手法进行创作，但它仍然具有一定的艺术创造空间。摄影师可以通过对画面构图、光线和色彩等方面的处理，来增强中景镜头的艺术表现力和感染力。

　　中景镜头包容景物的范围有所缩小，环境处于次要地位，重点表现人物的上身动作。

　　拍摄风景中景画面要注意避免构图单一死板，拍摄人物中景画面要掌握分寸，不能卡在腿部关节部位，具体可根据内容、构图灵活掌握。

中远景镜头的特点及作用

中远景镜头能够清晰地展现人物的外表，从而突出人物的特点和形象。例如，在电影中，通过中远景镜头，观者可以看到角色的面部表情、身体语言和服饰等细节，从而更好地理解角色的性格和情感状态。

中远景镜头还可以展现人物所处的环境，包括场景的背景、气氛和感觉等。这种镜头类型特别适合用来拍摄居民小区、街道、办公室等场景，让观者能够更好地理解故事发生的背景和情境。

中远景镜头能够平衡画面，使观者既能看到人物，又能看到周围的环境。这种平衡感能够增强观者的代入感和沉浸感，使他们更加投入地观看故事。

中远景镜头不仅展示了人物的全身动作，还保留了一定的环境信息，因此可以让观者更好地理解人物所处的环境，以及人物与环境之间的关系。这种镜头既可以展示人物的动作和姿态，又可以展示人物的情感和内心状态，因此是电影创作中常用的镜头之一。

需要注意的是，中远景镜头并不是万能的，摄影师需要根据具体的剧情和拍摄需求来选择合适的镜头景别和拍摄角度。同时，摄影师还需要注意镜头与人物之间的距离和高度，以确保画面构图的美观和合理。

近景镜头的特点及作用

　　近景镜头可以捕捉到拍摄对象的细微之处，比如人物的面部表情、眼神、手势，或者物体的纹理、质地等。这种拍摄方式可以让观者更加关注拍摄对象的局部细节，从而增强视觉冲击力。

　　近景镜头可以突出表现拍摄对象的情感状态，比如喜、怒、哀、乐，以及紧张和害怕等。通过捕捉人物面部的细微表情和动作，近景镜头可以让观者更加深入地感受人物内心的情感变化，从而增强情感的共鸣和感染力。

　　近景镜头的视觉范围较小，拍摄距离相对更近。近景画面的下边框一般拍到人物胸部以上或物体的局部，用来重点刻画人物的面部表情或清楚地表现人物的细微动作，对于所处环境的交代则基本可以忽略。因此，在拍摄近景镜头时，环境要退于次要地位，画面构图应尽量简练，避免让杂乱的背景抢夺观者的视线。

特写镜头的特点及作用

特写镜头中的拍摄对象通常会充满画面，比近景更加贴近观者。特写画面的下边框一般在人物肩部以上的位置（通常为头像）或其他拍摄对象的局部，能够清晰地展现人物脸部的细节特征和情绪变化，着重表现人物的眼睛、嘴巴和下巴等细节之处，捕捉人物神态的细微动作，如微笑、痛哭、眉头微皱和惊诧等，从而渲染情感氛围，更好地推动剧情发展。但是，正因为特写镜头会给观者如此强烈的视觉感受，所以特写镜头是不能滥用的，要用得恰到好处，用得精准，这样才能起到画龙点睛的作用；若滥用特写镜头，则会使人厌烦，反而会削弱其表现力。

大特写镜头的特点及作用

　　大特写镜头可以使人物的面部尽可能占满整个画幅，同时展现眼、口、鼻等局部的重要特征，使观者能够看到人物的微小表情和眼神变化。这样的细节展现有助于观者更好地理解人物的情感和内心世界。例如，在电影中，大特写镜头常用于展现角色的愤怒、恐惧、浪漫等情感。

　　大特写镜头还可以用于表达电影或作品的主题和意象。通过放大某个细节或物体，大特写镜头可以唤起观者的情感共鸣，并加深其对主题的理解。这种镜头语言可以突出显示电影中的某个重要元素，从而帮助观者更好地理解电影的主题和意象。

　　大特写镜头的画面被人面占据，上下边缘都切过人物的面部，着重展现眼睛、鼻子、嘴巴等局部的重要特征，具有明显的强调和突出作用。大特写镜头能够细致地刻画人物，突出被摄体的特征，像放大镜一样表现"微观世界"。因具有极其鲜明、强烈的视觉效果，常用于表达人物感受，如浪漫、愤怒、恐惧等。

极特写镜头的特点及作用

　　极特写镜头能够将观者的视线引领至一个前所未有的微观天地。借助这种独特的镜头语言,观者得以洞察对象表面极为细腻的细节与纹理,诸如皮肤的细微毛孔、叶子清晰的脉络等。

　　极特写镜头常常被运用于展现对象的独特美感与质感,给予观者强烈的视觉冲击,带来沉浸式的审美体验。

　　在科学类或自然类纪录片中,极特写镜头也发挥着重要作用,它能深入揭示生物或物体的微观世界,挖掘出潜藏在表面之下的奥秘与神奇之处。

　　此外,极特写镜头还具备营造超现实或梦幻氛围的能力,让观者仿若置身于一个迥异于现实的奇妙境界。这种别具一格的视觉效果往往令人印象深刻,成为视频作品中令人难以忘怀的经典画面。

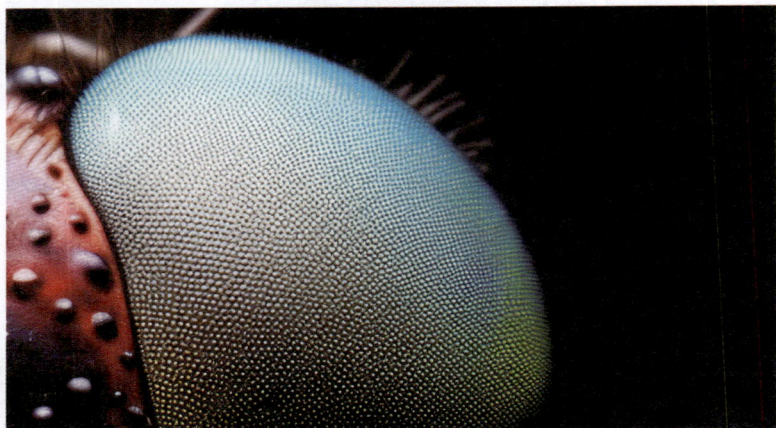

双人镜头的特点及作用

　　双人镜头是一种常见的拍摄电影使用的镜头类型，它指的是在画面中同时出现两个角色。双人镜头主要用于展现两个角色之间的互动和关系。这种镜头可以打造角色之间的视觉联系，使观者能够更直观地理解他们之间的关系，无论是亲密、争吵还是其他复杂的情感。

　　双人镜头的取景方式取决于人物的位置和动作。例如，如果两个人物同时面向镜头，或者面对面侧身朝向镜头，就构成了典型的双人镜头。此外，根据人物的站立、坐下、移动或静止等状态，以及他们是否在摆姿势或做动作，双人镜头的具体形式也会有所不同。

　　在双人镜头中，如何平衡并突出两个人物是摄影师考虑的重要因素。有时，为了强调其中一个人物，可能会选择让这个人物更靠近镜头，或者让他在画面中占据更大的空间。这种构图方式可以引导观者的注意力，突出角色的重要性或情感状态。

　　双人镜头是表达角色情感的重要工具。通过镜头中人物的表情、动作和位置，可以传达出他们之间的情感交流，如爱、恨、恐惧、喜悦等。这种情感表达不仅增强了剧情的吸引力，也使得观者能够更深入地理解和感受角色的内心世界。

过肩镜头的特点及作用

　　过肩镜头是一种电影拍摄技巧，其特点是越过一个人的肩膀拍摄另一个人。具体来说，在镜头画面中，一个人物面对镜头，另一个人物背对镜头，背对镜头的那个人的头和肩在画面边缘及下方形成一个"L"形，因此得名过肩镜头。过肩镜头的可以强调角色的情绪和内心世界，使观者更好地感受角色的情绪变化和行动过程。

　　此外，过肩镜头还能够营造出一种角色与观者之间的亲近氛围，使观者更容易代入角色的角度来感受剧情。同时，由于"过肩"人物的部分身体卡在画面边缘，所以拍摄过肩镜头可以使用类似特写的紧凑构图方式。而且，调小景深通常有助于过肩镜头的拍摄，使得画面角落中的"过肩"人物所占据的部分变得模糊，将焦点落在作为主体的人物面部。

叙事镜头的特点及作用

　　叙事镜头，是指在画面中呈现人物形象或特定事件情节，主要用于讲述故事、深入刻画人物之间的关系、细腻展现人物的动作举止与行为特点，以及描绘景物独特特征，进而有效推动情节向前发展的镜头类型。在大多数传统的故事类影视作品中，叙事镜头往往占据着较大的比例，仅有极少量不含人物的景物镜头（即空镜头）作为辅助元素，用以烘托氛围或实现场景之间的自然过渡。

第 3 章
镜头的拍摄角度

　　镜头的拍摄角度对剪辑师来说至关重要，因为这有助于他们更精准地塑造影片的视觉效果，完善影片的情感表达。不同的拍摄角度能够传递出独特的视觉信息与情感氛围，使影片更具层次感和吸引力。通过深入了解这些拍摄角度的特点，剪辑师能够更准确地选择合适的镜头，从而构建出更加生动、真实的影片效果。本章将介绍不同镜头拍摄角度的特点及作用。

主观视角

　　主观视角镜头，又称为主观镜头，是一种特殊的拍摄角度，通过模拟角色的视角来展示场景和事件。这种视角的镜头在电影制作、游戏制作和虚拟现实技术等领域都有广泛的应用。主观视角镜头最显著的特点是以角色的视角来展示场景，使观者能够跟随角色的视角深入感知场景，更好地代入故事中的角色，从而更深入地理解和体验故事。

　　主观视角镜头有助于表达角色的情感。通过角色的视角，观者能够更直接地感受到角色的喜怒哀乐，从而产生情感共鸣和代入感。通过主观视角镜头，观者能够更直接地了解角色的内心世界和感受，从而更全面地理解角色。在恐怖、冒险等类型的作品中，主观视角镜头能够增强紧张氛围，使观者更加身临其境地感受故事的紧张和刺激。在下面的示例中，观者通过主角的主观视角观看机密文件。

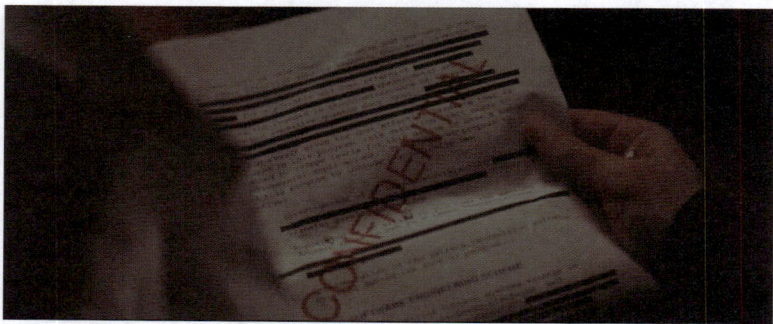

客观视角

　　客观视角镜头，又称为叙事镜头或中立镜头，这种镜头从旁观者的角度展示拍摄对象，不带有明显的导演主观色彩，也不采用剧中角色的视角，从而呈现出一种客观、中性的拍摄效果。

　　客观视角镜头采用一种冷静而朴实的拍摄方式，直接将拍摄的景物呈现给观者，给人一种客观而朴实的感觉。摄影师可以用客观视角拍摄出大量的景物镜头，帮助观者更好地理解电影的故事情节，并在观者心中留下持久的印象。

　　客观视角镜头主要用于交代和陈述故事情节，通过展示场景和人物动作，帮助观者理解并跟进故事的发展。客观视角镜头可以展现人物与环境的关系，帮助观者理解人物所处的环境和背景，从而更好地理解人物的行为和动机。通过展示场景的全貌和细节，客观视角镜头可以营造出一种特定的氛围和情绪，增强电影的感染力和观者的观影体验。

俯视

俯视是一种特殊的拍摄角度，通常指镜头位于拍摄对象的上方，从高处向下拍摄。俯视角度能够拍摄到更广阔的场景，使观者能够看到更多的信息。以俯视角度拍摄的画面具有强烈的透视效果，拍摄对象显得较小、较远。由于视角的特殊性，俯视拍摄往往能够给观者带来强烈的视觉冲击，使画面更具张力。

俯视拍摄可以强调拍摄对象与周围环境之间的对比，突出拍摄对象的特点。俯视拍摄可以营造出一种压抑、沉重或辽阔的氛围，增强画面的表现力。在摄影、电影、电视等视觉艺术领域，俯视拍摄是一种常用的拍摄角度，能够给观者带来独特的视觉体验。同时，在广告、宣传等商业领域，俯视拍摄也常常被用来展现产品的全貌或强调产品的特点。

平视

　　平视是一种视觉角度，也可以理解为一种态度或行为方式，其特点是既不像仰视那样仰头看待事物，也不像俯视那样低头看待事物。平视强调理性看待，不会因为各种原因偏离事物的本来面目。

　　在摄影中，平视的拍摄角度接近于人们观察事物的视觉习惯，形成的透视感比较正常。这种自然的视觉效果更容易让观者产生设身处地的临场感。

仰视

　　仰视的特点是镜头从低处向高处看，拍摄者通常位于拍摄对象的下方。仰视拍摄可以强调拍摄对象的高度和雄伟，使其显得更加高大、壮观。在拍摄建筑、山峰等高大的物体时，仰视拍摄可以很好地展现其雄伟和壮观的气势。

　　仰视拍摄还可以让人产生敬畏和压迫感，使观者感到自己的渺小和拍摄对象的高大。这种效果在拍摄英雄、领袖等人物时尤其明显，可以强调其威严和影响力。仰视拍摄可以突出拍摄对象的某些特点，如形状、纹理等。由于镜头从下往上拍摄，拍摄对象的上部和细节会得到更多的关注，从而强调其特点。仰视拍摄可以创造一种独特的视角，让观者从不同于常规的角度观察拍摄对象。这种视角可以带来新的视觉体验和感受，增加观者的参与感和沉浸感。

正面

　　以正面视角拍摄的画面给人以庄重、正式的感觉，具有较强的严肃性。由于正面视角拍摄通常不会倾斜或扭曲，因此它可以产生稳定、均衡的视觉效果。正面视角拍摄的画面通常不带有强烈的透视效果，因此观者可以更自然地感知画面内容。

　　正面拍摄可以清晰地展示对象的正面特征，包括人物的面部表情、服饰、建筑的外观等。正面拍摄可以将观者的注意力集中在画面中心的主体上，从而强调主体的存在和重要性。正面拍摄可以清晰地传达画面中的信息，使得观者能够更容易地理解画面所表达的含义。正面拍摄可以通过构图、光线等手段来营造不同的氛围，如严肃、庄重、平静等。

侧面

　　侧面拍摄视角，又称为侧面角度，是指拍摄者处于被摄体的正侧方，与被摄体正侧面成 90°的视角。侧面拍摄比全景拍摄更专注于特定的物体或场景，能够从不同于全面角度的视野捕捉物体的外形特征。侧面拍摄可以清晰地交代拍摄对象的方位，因为被摄体的视线方向通常位于画面的一侧或在画面之外，从而赋予图像明确的方向感。侧面拍摄可以很好地展现拍摄对象的轮廓和形状，特别是在配合逆光拍摄时，可以清晰地看到物体侧面的剪影。侧面拍摄具有很强的表现力，可以呈现物体的活动情况，比如运动物体的运动轨迹和变化，形成节奏感或韵律效果。

　　侧面拍摄能够强调并突出拍摄对象的特定侧面特征，使这些特征在画面中更加鲜明和引人注目。通过侧面拍摄，观者可以更加深入地感受到画面的空间深度和立体感，增强视觉体验。侧面拍摄可以配合光线和背景，营造特定的氛围和情感，增强作品的感染力。在拍摄运动类作品时，侧面拍摄可以抓取运动物体在短时间内的运动状态和形态变化，形成动态感。

斜侧面

斜侧面角度是指介于正面与侧面的角度，能够同时表现拍摄对象正面和侧面的形象特征，以及丰富多样的形态变化。斜侧面拍摄能使拍摄对象的横向线条在画面上变为斜线，产生明显的形体透视变化。

斜侧面拍摄可以弥补正面、侧面结构形式的不足，消除画面的呆板，使画面显得生动、活泼、多变。从斜侧面角度拍摄人像作品，能够表现人物面部的主要特征、立体感及轮廓的特点。在拍摄时，斜侧程度的大小还可以掩饰人物面部的缺陷，如将人物及照明光源的斜侧程度加大，可以使较胖的人物显瘦。

斜侧面角度能使相互联系的事物分出主次关系，摄影师也可利用斜侧面角度来弱化远离镜头的部分的特点，并结合光线照明，将不利于表现主题的部分放在远离镜头的一侧，即"藏拙"。从斜侧面拍摄可以更好地表现人或动物的运动姿态，尤其是表现人物躯干的各种扭曲变化。

背面

　　背面拍摄能展示拍摄对象的背影，从而产生一种写意的效果。这样的构图有助于观者通过观察和思考影像，进而深入理解和感受主题，产生悬念。当从背面拍摄时，观者能够产生与拍摄对象视线一致的主观效果，从而增强了观者的参与感。

　　从背面拍摄通常注重通过人物的姿态动作来展现其内心情感，这种表达方式既生动又含蓄，非常善于展示人物的内心世界和情感状态。从背面拍摄人物，能够给观者一种神秘感，使人产生一种想要探究拍摄对象真实面目的欲望。

反侧面

　　反侧面视角的镜头在电影或摄影领域颇为常见。这一视角的拍摄者位于角色的侧面与后方之间的位置，稍偏离角色的正侧面，为观者带来一种非传统且略带扭曲的视觉体验。反侧面镜头打破了观者对角色的传统视觉认知，因为在日常生活中，人们大多是正面面对角色的，而非从角色的侧后方观察。这种视角凸显了角色的侧脸、肩膀、背部及身体的其他部分，为观者带来了更为丰富的视觉感受。由于这一视角偏离了角色的正面，因此观者在观看时往往会感受到一种紧张或不确定的气氛，因为他们无法直接看到角色的面部表情或前方的状况。

　　反侧面能营造出独特的视觉效果，使画面更具张力和动态感。此外，这种视角还适用于创造戏剧性的场景转换或视角转换，导演可以运用反侧面镜头引导观者的注意力，使观者更加关注角色的某个部位或特定场景元素。

第 4 章
镜头的运动方式

　　了解镜头的运动方式，不仅有助于剪辑师更好地塑造影片的视觉风格，还能够帮助他们精准地控制影片的节奏和流畅性。在剪辑过程中，需要按照一定的规律和技巧对各种类型的镜头进行衔接和过渡，以确保画面的连贯性和观者的舒适视觉体验。本章将详细讲解镜头的运动方式，帮助读者更好地运用镜头语言，为影片增添更多魅力。

运动镜头的特点

运动镜头是指控制拍摄器材在运动中拍摄的镜头，也称为移动镜头，主要是通过改变拍摄器材的机位、镜头光轴或焦距来拍摄画面的。

通过移动机位，运动镜头可以使观者感受到画面的动态变化，从而增强视觉冲击力。运动镜头可以跟踪移动中的人物或物体，使观者能够持续关注画面中的主要元素，同时保持其在画面中的位置。运动镜头还可以在移动中展示更广阔的环境或场景，使观者能够更全面地了解环境布局和背景，并通过快速移动或缓慢移动来表达紧张、兴奋、悲伤等情感，从而增强影片的情感表达。运动镜头可以与音乐或对话相配合，创造出特定的节奏感，使影片更加引人入胜。

运动镜头可以在不同场景之间进行平滑过渡，使观者能够更自然地从一个场景转换到另一个场景。

固定镜头的特点

　　固定镜头是一种在拍摄过程中，机位、镜头光轴和焦距都保持固定不变的镜头类型，而拍摄对象可以是静态的，也可以是动态的。固定镜头特别适用于展现静态环境，如会场、庆典、事故等事件性新闻的场景。通过远景、全景等大景别的固定画面，可以清晰地交代事件发生的地点和环境。能够较为客观地记录和反映拍摄主体的运动速度和节奏变化。与运动镜头相比，固定镜头由于视点稳定，观者可以更容易地与一定的参照物进行对比，从而更准确地认识主体的运动速度和节奏变化。

　　然而，固定镜头也有局限性，例如视点单一、构图变化有限等。因此，在使用固定镜头时，需要充分考虑其特点，合理运用，以充分发挥其优势，避免其不足。从摄影技巧的角度来看，固定镜头的拍摄需要摄影师具备较高的构图能力和观察力。示例图片显示了一个固定镜头中的场景，视角固定，远处的车辆缓缓驶来。

推镜头

　　推摄是指摄像机向拍摄主体方向推进，或改变镜头焦距使画面框架由远而近向被摄体不断推进的拍摄方法。推镜头画面有以下特征。

　　随着镜头的不断推进，由较大景别不断向较小景别变化，这种变化是一个连续的递进过程，最后固定在主体目标上。

　　推进速度的快慢，要与画面的气氛、节奏相协调。推进速度缓慢，给人以抒情、安静、平和等感觉，推进速度快则可使人感觉紧张不安、愤慨、触目惊心等。

　　示例图片展示的是一栋造型别致的建筑物，随着镜头不断向前推进，建筑物在画面中的占比逐渐变大，使景别产生由大到小的变化。

拉镜头

拉镜头正好与推镜头相反，是镜头逐渐远离拍摄主体的拍摄方法。当然，也可通过改变焦距，使画面由近而远，与拍摄主体逐渐拉开距离。

拉镜头可真实地向观者交待主体物所处的环境及与环境的关系。在将镜头拉远前，环境是未知因素，将镜头拉远后可能会给观者"原来如此"的感觉，常用于侦探、喜剧类题材当中。

拉镜头常用于故事的结尾，随着主体目标渐渐远去、缩小，其周围空间不断扩大，画面逐渐扩展为更广阔的场景，或为广阔的原野，或为浩瀚的大海，或为莽莽的森林，给人以"结束"的感受，赋予结尾抒情性。示例图片中的小船随着镜头不断拉伸，在画面中的占比逐渐缩小。

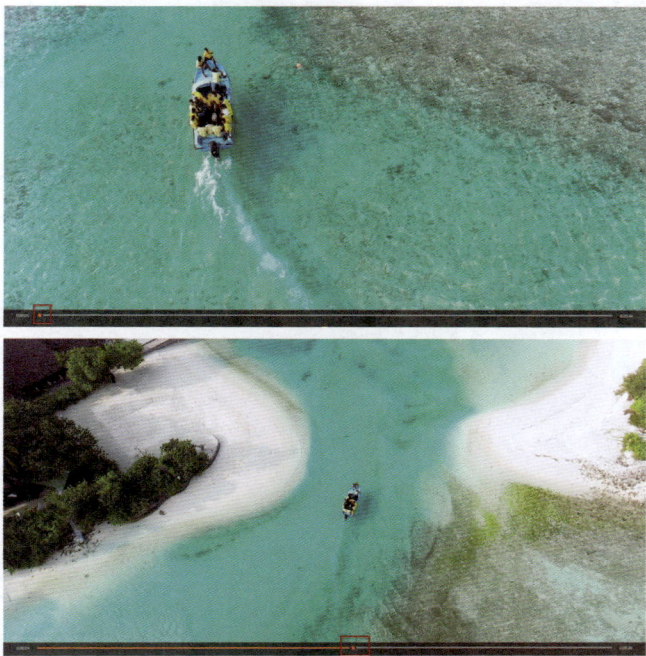

摇镜头

　　摇镜头是指保持机位固定不动，通过改变镜头光学轴线来呈现场景中的不同角度的拍摄方法，就如同某个人进屋后眼神扫过屋内的其他人员。实际上，摇镜头也在一定程度上代表了拍摄者的视线。

　　摇镜头多用于在狭窄或超开阔的环境内快速呈现周边环境。比如，人物进入房间内，眼睛扫过屋内的布局、家具陈列或人物；在拍摄群山、草原、沙漠、海洋等宽广的景物时，通过摇镜头可以快速呈现所有的景物。示例图片中的树木随着镜头摇动而发生变化。

　　使用摇镜头时一定要注意拍摄过程的稳定性，否则画面的晃动感会破坏镜头原有的效果。

移镜头

　　移镜头是指让拍摄者在水平方向沿着一定的路线运动来完成拍摄的拍摄方法。比如，汽车在行摄过程当中，车内的拍摄者手持手机向外拍摄，随着车的移动，视角也是不断改变的，这就是移镜头。

　　移动镜头是一种符合人眼视觉习惯的拍摄方法，让所有的拍摄主体都能平等地在画面中得到展示，还可以使静止的对象运动起来。

　　由于是在运动中拍摄的，所以机位的稳定性是非常重要的。在影视作品的拍摄中，一般要使用滑轨来辅助完成移镜头的拍摄，主要就是为了得到更好的稳定性。

　　在使用移镜头时，建议适当多取一些前景，这些靠近机位的前景运动速度会显得更快，这样可以强调镜头的动感。除此之外，还可以让拍摄主体与机位进行反向移动，从而增强速度感。

跟镜头

　　跟镜头是指机位跟随拍摄主体运动，且与拍摄主体保持等距离拍摄的拍摄方式。这样最终得到主体不变，但景物却不断变化的效果，仿佛跟在拍摄主体后面，从而增强画面的临场感。

　　跟镜头具有很好的纪实意义，对人物、事件、场面的跟随记录会让画面显得非常真实，在纪录类题材的视频或短视频中较为常见。

升降镜头

　　摄影师面对拍摄对象，让镜头进行上下方向运动来拍摄，以这种方式拍摄的镜头称为升降。这种镜头可以实现以多个视角表现主体或场景。

　　通过控制升降镜头的速度和节奏，可以让画面呈现出一些戏剧性的效果，也可以用来强调主体的某些特质，比如可能会让人感觉主体特别高大等。在示例图片中，随着镜头的上升，房间的景物发生了变化。

长镜头

　　视频剪辑领域的长镜头与短镜头并不是指镜头焦距的长短，也不是指摄影器材与主体距离的远近，而是指单一镜头的持续时间。一般来说，单一镜头持续超过 10 秒，可以认为是长镜头，不足 10 秒则可以称为短镜头。

　　长镜头更具真实性。在时间、空间、过程、气氛等方面都具有连续性，排除了作假、使用替身的可能性。

　　在短视频中，长镜头更能体现创作者的水准。长镜头在一些大型庆典、舞台节目、自然风貌场景中用得较多。甚至可以说越是重要的场面，越要使用长镜头进行表现。而一些业余爱好者剪辑的短视频，单个镜头只有几秒，并且镜头之间运用大量转场效果，使得整体画面杂乱无章，这看似是"炫技"，实际上恰好暴露了基础知识不足的弱点。

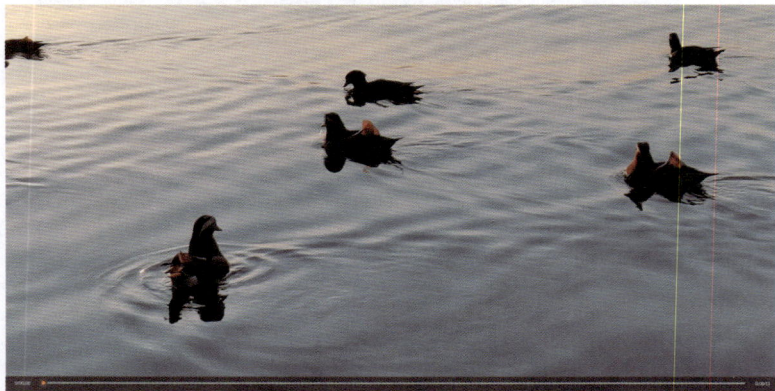

固定长镜头

固定长镜头是指在较长的时间内，摄像机保持固定位置、焦距和镜头设置，持续对同一主体或场景进行拍摄的视频镜头。这是电影、纪录片或视频制作中一种常见的拍摄技巧，可以带来多种艺术效果和观者体验。

借助固定长镜头，画面可以给观者一种静态、持续的观察感。固定长镜头客观地展示拍摄主体，不受摄影师主观视角的影响，能够使观者更加真实地感受到拍摄主体的变化，让观者的注意力更容易集中在拍摄主体上，从而更好地理解和感受主题。

固定长镜头可以创造出一种静态的美感，使画面更加和谐、平衡。

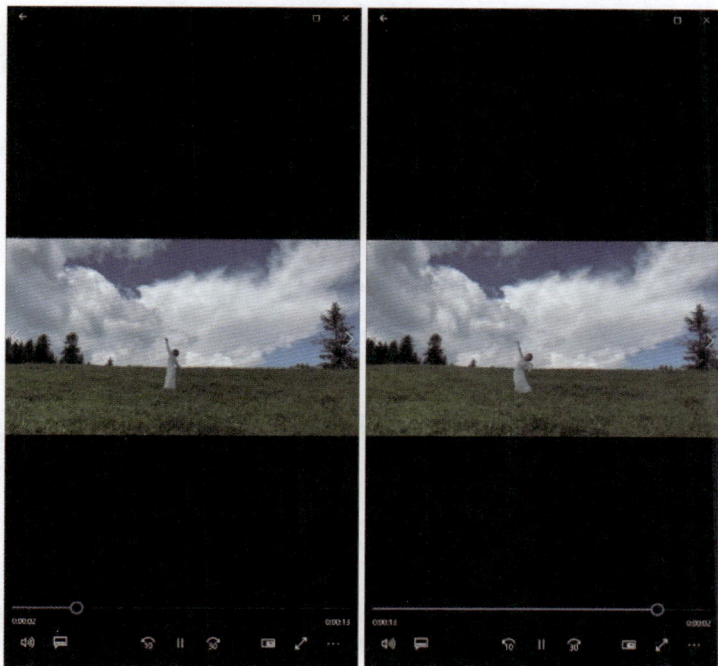

景深长镜头

　　用大景深拍摄，使远景（从前景到后景）也非常清晰，同时进行持续拍摄的长镜头称为景深长镜头。由于景深长镜头通常近景与远景同样清晰，因此可以让观者看到现实空间的全貌和事物的实际联系，从而表达出更为丰富的信息量。

　　景深长镜头能够以一个单独的镜头表现完整的动作和事件，其含义不依赖它与前后镜头的联系就能独立存在。

　　景深长镜头强调时间上的连续性、画面空间的清晰度，所以这种视频画面一般具有较强的空间感和立体感，并且可以形成几个平面互相衬映、互相对比的复杂空间结构。

　　例如，拍摄一个人从远处走近，或由近走远，用景深长镜头，可以让场景中人物及远近景物都非常清晰地呈现出来。

运动长镜头

　　用推、拉、摇、移、跟等运动镜头呈现的长镜头，称为运动长镜头。运动长镜头可以将不同景别、不同角度的画面收在一个镜头中。

　　运动长镜头是指使用长焦距镜头拍摄运动中的景物，比如追逐、比赛等场景。以这种方式拍摄可以捕捉到运动中的细节和变化，同时也可以突出主体。在视频制作中，运动长镜头常用于拍摄动作场景，如追车、追人等，可以让观者更加真实地感受到场景的紧张和刺激。

　　运动长镜头的拍摄需要使用推、拉、摇、移、跟等运动方式，形成多景别、多角度（方位、高度）变化的画面。拍摄这种镜头需要摄影师具备较高的技术水平和拍摄经验，以确保画面的稳定性和流畅性。示例图片展示了人们坐在车中所看到的景物。

短镜头

　　短镜头的时长没有具体的界定范围，一般两三帧画面也可称为短镜头。短镜头的主要作用是突出画面一瞬间的特性，具有很强的表现性。短镜头多用于场景快速切换和一些特定的转场剪辑，通过快速的镜头切换达到展示视频要表现的内容的目的。

空镜头

　　空镜头又称"景物镜头"，是指不出现人物（主要指与剧情有关的人物）的镜头，与叙事（表现人物或事件情节等）镜头相对。空镜头有写景与写物之分，前者通称风景镜头，往往用全景或远景表现；后者又称"细节描写"，一般采用近景或特写。

　　空镜头常用于介绍环境背景、交代时间与空间信息、酝酿情绪氛围、过渡转场。拍摄一般的短视频，空镜头大多用来衔接人物镜头，实现特定的转场效果或交代环境等信息。注意，用于衔接虚实镜头的空镜头并不限定一个。示例图片显示的空镜头交代了人们所处的环境背景。

第 5 章

组合运动镜头及镜头的组接

综合运用推、拉、摇、移等多种运镜手法的组合运动镜头能够为人们带来更为丰富且充满动感的视觉体验。这种多样化的拍摄方式不仅可以让观者领略到更多场景细节，还能巧妙地引导观者的视线，使得画面更具层次和立体感。

同时，镜头之间的组接也是提升影片艺术感染力的重要手段。通过精心挑选镜头，应用合适的剪辑手法，剪辑师能够精准地凸显影片中的关键情节与细微之处，打造出别具一格的氛围和情感，使观者产生强烈的共鸣和情感投射。本章将深入讲解组合运动镜头的运用，以及镜头间的组接技巧，帮助读者更好地掌握这一重要的视觉语言。

跟镜头接摇镜头

　　如果在跟镜头的同时，缓慢地将镜头视角移动到人眼的视角，那么可以用主观镜头的方式呈现出人眼所看到的效果，给观者一种与画面当中人物相同视角的心理暗示，增强画面的临场感。在本示例中，先使用跟镜头跟随人物的视线，然后使用摇镜头将镜头向左摇动，使视角与人眼视角重叠，这样就可以将人物看到的画面与观者看到的画面重合起来，增强现场感。

推镜头接转镜头接拉镜头

　　第二种组合运镜在航拍中往往被称为甩尾运镜。这种运镜非常简单，确定目标对象之后，由远及近推进，先推镜头到达足够近的位置，之后进行转镜头操作，将镜头转一个角度之后迅速拉远，这样一推一转一拉，形成一个甩尾的动作，整个组合运镜下来，画面显得具有动感，非常炫。

　　注意，在中间位置转镜头，镜头的转动速度要均匀一些，不要忽快忽慢；并且距离目标对象也不要忽远忽近，否则画面就会显得不够流畅。在本示例中，先使用推镜头确定目标对象，然后使用转镜头将镜头转一个角度，最后使用拉镜头将视角迅速拉远。

前进式组接

　　大多数短视频都不止一个镜头，而是由多个镜头组接起来形成的综合效果。当组接多个镜头进行时，要注意一些的特定规律。常见的镜头组接方式有前进式组接、后退式组接、环形组接、两极镜头组接等。只有通过这些特定的组接规律来组接镜头，才能让最终剪辑完成的短视频更自然、流畅，整体性更好，如同一篇行云流水的文章。

　　首先来看前进式组接。这种组接方式是指景别的过渡景物由远景、全景，向近景、特写过渡，这样景别变化幅度适中，不会给人跳跃的感觉。这种组接方式通常用于表现由低沉到高昂向上的情绪和剧情的发展。通过循序渐进地变换不同视觉距离的镜头，可以形成顺畅的连接，使观者能够自然地融入剧情，感受到情感的变化。

　　在拍摄过程中，为了实现前进式组接，剪辑师需要精心选择拍摄角度和景别，确保镜头之间的过渡自然、流畅。在后期剪辑时，需要巧妙地运用剪辑技巧，使各个镜头能够有机地组合在一起，形成完整的叙述结构。在下面的示例中，就是先拍摄人物全景，然后向人物的近景进行过渡的。

后退式组接

　　这种组接方式与前进式组接正好相反，是指景别由特写、近景逐渐向全景、远景过渡，最终视频可以呈现出由细节到场景全貌的变化。

　　后退式组接的镜头画面，随着从小景别到大景别的逐渐过渡，将观者的视线由局部细节引向整体环境，可以很好地配合剧情的发展，提升观者的观影体验。

　　需要注意的是，后退式组接并不是万能的，剪辑师应该根据具体的剧情和视觉效果的需要来决定。在剪辑过程中，还需要考虑镜头的长度、节奏、音效等因素，以达到最佳的观影效果。下面的示例就是先拍摄草原上的动物，然后向草原的远景过渡的。

两极镜头

所谓两极镜头，是指在组接镜头时由远景接特写，或者由特写接远景，跳跃性非常大。两极镜头会让观者有较大的视觉落差，形成视觉冲击，一般在影片开头和结尾时使用，也可用于段落开头和结尾，不适宜用作叙事镜头，容易造成叙事不连贯性。下面的示例就是先拍摄景物的远景，然后组接到人物特写的。

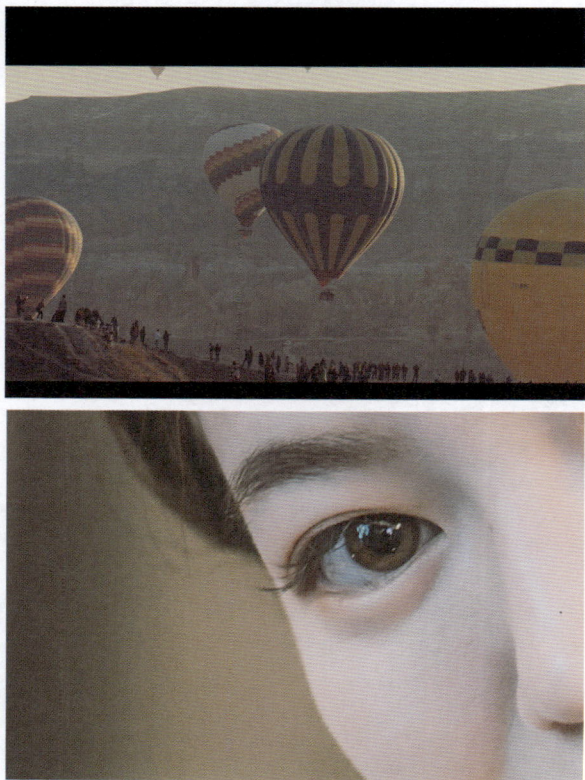

固定镜头组接

固定镜头，是指摄像机机位、镜头光轴和焦距都固定不变，而拍摄对象既可以是静态的，又可以是动态的，唯一的决定性因素是场景是固定不动的。固定镜头的核心就是画面所依附的场景不动，画面中的人物可以任意移动，包括入画出画，同一场景的光影也可以发生变化。

固定镜头有利于表现静态环境，在实际拍摄中，常用远景、全景等大景别的固定画面交代事件发生的地点和环境。下面的示例使用了两个固定镜头进行组接。

在剪辑视频时，固定镜头尽量与运动镜头搭配使用，如果使用了太多的固定镜头，容易造成零碎感，不像运动画面可以比较完整、真实地记录和再现生活原貌。不过，并不是说固定镜头之间就不能组接，一些特定的场景当中，固定镜头组接也是比较常见的。

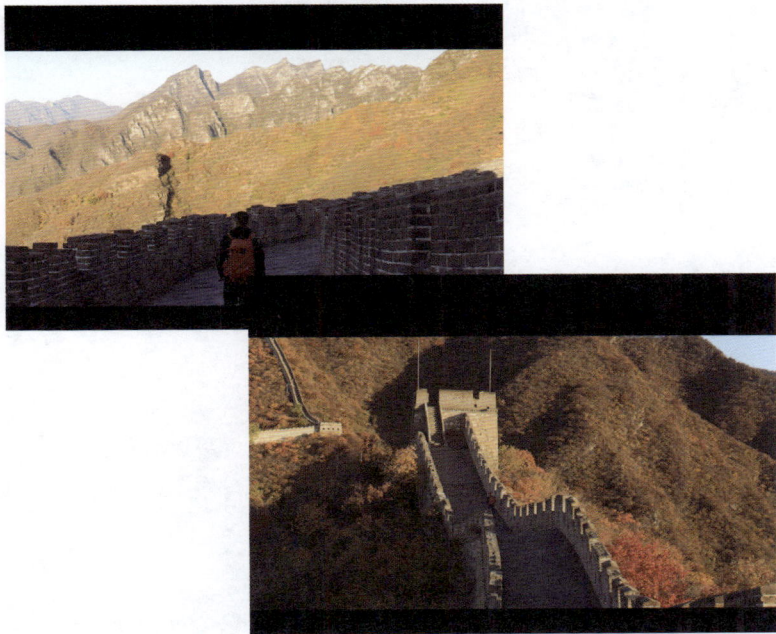

动接动

　　对于运动镜头之间的组接，剪辑师要根据所拍摄的主体、运动镜头的类型来判断是否要保留起幅与落幅。

　　举一个简单的例子，在拍摄婚礼等庆典场面的视频时，如果是不同的主体人物、不同的人物动作镜头进行组接，那么镜头组接处的起幅与落幅就要剪掉；而对于一些表演性质的场景，不同的表演者都要进行一定的强调，由于是不同的主体人物，因此组接处的起幅与落幅可能就要保留。因为有时要追求紧凑、快节奏的视频效果，所以需要剪掉组接处的起幅与落幅。

　　由此可见，运动镜头之间的组接，要根据视频想要呈现的效果来进行剪辑，是比较难掌握的。下面的示例将人物的两个运动镜头组接到了一起。

定接动

　　大多数情况下，固定镜头与运动镜头组接，需要在组接处保留起幅或落幅。如果固定镜头在前，那么运动镜头起始最好有起幅；如果运动镜头在前，那么组接处要有落幅，避免组接后画面显得跳跃性太大，令人感到不适。

　　上述介绍的是一般规律，但在实际应用中，大家可以不必严格遵守这种规律，只要不是大量固定镜头堆积，在中间穿插一些运动镜头，就可以让视频整体效果流畅起来。下面的示例先使用了固定镜头，然后使用了运动镜头进行组接。

第 6 章
如何挑选视频剪辑素材

通过精心挑选视频剪辑素材，剪辑师能够确保故事的流畅性和连贯性，使得影片更具吸引力。合适的视频剪辑素材片段不仅能够根据情节发展的需要，引导观者深入故事情境，还能使故事更加引人入胜。本章将详细讲解如何挑选视频剪辑素材片段，帮助读者更好地完成影片的剪辑工作。

熟悉所有镜头片段

　　剪辑师拿到前期拍摄的素材后，首要的任务就是对素材进行整体浏览，以熟悉这些素材。通过一两遍的整体观看，可以初步了解摄影师在拍摄过程中捕捉到的内容，对每条素材形成大致的印象，为后续剪辑工作打下坚实的基础。

　　在浏览素材时，剪辑师应当尽量站在摄影师的角度，去感受他们想要传达的意图和情感，这样才能更好地了解素材的内涵，为后续剪辑工作提供有力的支持。

　　同时，剪辑师还需要对每条素材进行仔细的观察和分析。观察镜头的运用、画面的构图、演员的表演等细节，分析这些元素如何与剧本和整体风格相契合。这样，才能更好地把握剪辑的节奏和风格，使剪辑后的作品更加符合观者的审美需求。

对焦清晰，画面不糊

对焦对视频画面的清晰度有着显著的影响。对焦不准会导致画面模糊，影响视频的观看体验，因此对焦不准的素材不适合用于视频作品的剪辑与创作。下面的第一张图片对焦失败，画面非常模糊；而第二张图片对焦成功，画面十分清晰。

画面的曝光

　　曝光是摄影中的一个基础且关键的概念，它直接影响画面最终呈现的质量。曝光量的多少直接决定了画面的亮度。曝光过度可能导致画面过亮，失去细节；曝光不足则可能导致画面过暗，细节不清晰。曝光不仅影响画面的亮度，还会影响色彩的表现。曝光过度可能导致色彩失真，曝光不足则可能使色彩显得沉闷。曝光对画面的清晰度也有一定的影响。曝光过度或不足都可能导致画面细节不清晰，影响整体画质。下面的第一张图片是低曝光的效果，第二张图片是高曝光的效果。

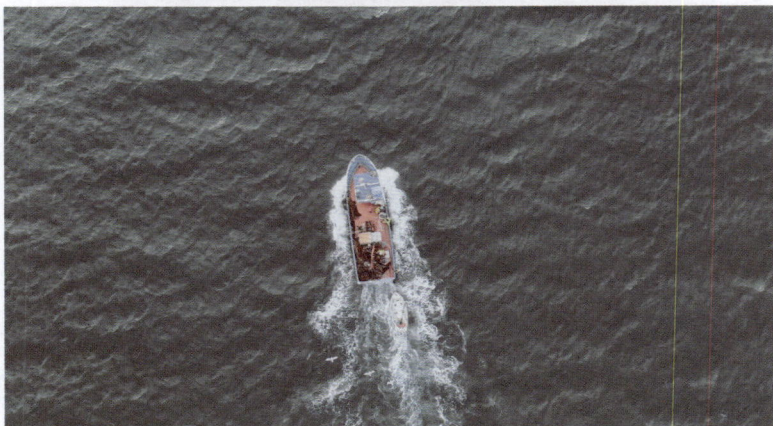

画面的色温

色温对画面的影响主要体现在色彩表现和光线质量两个方面。

首先，色温影响影像的色彩表现。不同的色温会使画面中的颜色偏向特定的色调。较高的色温通常会使画面偏向蓝色，冷色调会给人一种冷静、冰冷或冷漠的感觉。而较低的色温则会使画面偏向黄色，暖色调会给人一种温暖、亲切或浪漫的感觉。摄影师可以通过调整色温来控制画面的色调，传达出不同的情感和氛围，从而提高照片或视频的表现力。

其次，色温对于表现光线质量和质感非常重要。不同的光源具有不同的色温，因此色温也可以帮助摄影师在不同场景下准确地再现光线的质感和特性。例如，在太阳下拍摄的照片通常具有较高的色温，能够产生明亮而清晰的画面，展现出阳光的灿烂和光线的强度。而在黄昏或黎明时拍摄的照片则具有较低的色温，能够呈现出柔和而温暖的光线，给人一种温馨和浪漫的感觉。下面的第一张图片是低色温的效果，第二张图片是高色温的效果。

拍摄角度

　　角度对画面的影响是多方面的。在影视制作中，拍摄角度是创作者表达情感、传递信息和构建叙事的重要手段。

　　首先，角度可以影响观者对画面内元素的感知。比如，仰视角度可以使拍摄对象显得更加高大、宏伟，给观者留下深刻的印象；而俯视角度可以使得画面显得更加辽阔，能够展现出更大的场景；平视角度则更接近人眼的自然视角，能够给观者带来更加真实的感受。

　　其次，角度还能够影响画面的情感表达。例如，使用广角镜头并从低角度拍摄可以创造出一种紧张、不安的氛围，而使用窄角镜头并从高角度拍摄则可能营造出一种平静、安宁的感觉。

　　此外，角度还能够影响叙事。通过选择不同的拍摄角度，创作者可以强调或忽略某些元素，从而改变观者对故事的理解。例如，从一个角色的视角出发进行拍摄，可以让观者更深入地理解这个角色的情感和想法。示例图片通过平视的角度展现了景物的壮美。

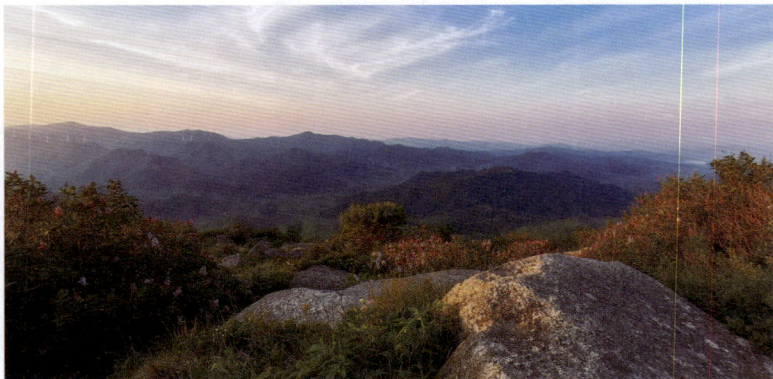

取景和构图

　　通过合理的取景和构图，可以突出照片的主题，使观者一眼就能看出照片想要表达的内容。例如，在拍摄风景时，可以选择将天空、山脉、湖泊等元素纳入画面中，通过构图来强调其中的某一元素，从而突出照片的主题。

　　好的取景和构图可以增强照片的视觉冲击力，使观者产生更强烈的共鸣。例如，在拍摄人像时，可以通过选择合适的背景和角度，以及运用构图技巧来强调人物的神态和动作，从而增强照片的感染力。

　　取景和构图还可以用来营造特定的意境，使照片具有更强的艺术性和表现力。例如，在拍摄城市风光时，可以运用超广角镜头来展现城市的宏大场面，通过构图来强调城市的高楼大厦和车水马龙，从而营造出都市的繁华。

　　取景和构图的选择还会影响观者对照片的感受。例如，在拍摄自然风景时，可以选择将画面中的元素以对称或平衡的方式排列，营造出一种宁静、和谐的氛围，使观者感受到大自然的美丽和宁静。

动作连贯

　　动作连贯可以确保观者在观看视频时能够流畅地了解故事情节，提升他们的观看体验。如果动作剪辑不连贯，观者可能会感到困惑或注意力被分散，从而影响其对视频的整体评价。

　　通过保持动作的连贯性，剪辑师可以将不同的镜头和场景有机地连接起来，形成一个完整、有逻辑的故事叙述。这种连贯性有助于观者更好地了解故事情节和角色行为，从而增强他们对视频的投入感。

　　动作连贯还有助于剪辑师营造出节奏感。通过精确地控制动作剪辑的时机和速度，可以营造出紧张、激动或平静等不同的氛围，进一步吸引观者的注意力。示例图片通过主角的动作及神情营造出了紧张的氛围。

对话连贯

　　连贯的对话在剪辑中具有重要的作用，它直接影响观者的观看体验。如果将对话剪辑得断断续续的或者不合逻辑，观者可能会感到困惑，难以理解故事的发展；相反，如果对话连贯，观者就能更容易地理解情节，沉浸在故事中。

　　对话是叙述故事的重要组成部分。通过对话，角色可以表达情感、交换信息、推动故事发展。如果对话剪辑得不连贯，故事的叙述就会受到影响，观者可能会错过关键信息，或者无法理解角色的情感和动机。

　　对话也是塑造角色形象的重要手段。通过对话，观者可以了解角色的性格、价值观、情感状态等。如果对话被剪辑得不连贯，角色的形象可能会变得模糊不清，观者难以对角色产生深入的认识。示例图片展示了两个人物间对话的画面，通过对话可以突出主角的形象。

表演

　　当演员的表演丰富且生动时，可以为剪辑师提供大量的素材。因为剪辑师有更多的选择和可能性，能够更好地塑造和展现人物性格、情感和故事线。

　　演员的表演是传达情感的关键，他们的表情、动作和语调等都能传递出丰富的情感信息。剪辑师需要准确地捕捉这些情感信息，通过剪辑手法将其放大或强化，使观者能够更深入地理解和感受角色的内心世界。

　　演员的表演节奏对剪辑的节奏把控有着直接的影响。如果演员的表演节奏紧凑、自然，剪辑师就能够更好地掌握整体的剪辑节奏，使故事更加流畅、紧凑。相反，如果演员的表演节奏拖沓或过于夸张，剪辑师就需要通过技术手段来调整剪辑节奏，使其更符合故事的需要。

　　演员的表演也为剪辑师提供了创意空间。剪辑师通过独特的视角和创意手法，可以将演员的表演与故事情节、画面效果等相结合，创造出更加独特和引人入胜的视觉效果。

音质

　　音质对观者的情感体验具有直接影响。若音质优良、清澈，能精准地传递镜头画面所蕴含的情感，助力观者深入理解和感知影片主题及情感内涵。音质在营造氛围和场景感方面起着关键作用。譬如，在表现宁静夜晚的画面时，柔美、精致的音质能够营造出宁静、和谐的气氛；而在展现激烈战斗的场景时，强烈的音质则能营造出紧张、刺激的氛围。此外，音质对剧情发展亦具有影响。如镜头画面中涉及对话或音乐，音质的优劣将直接影响对话及音乐的清晰度和表现力，进而影响剧情的推进与发展。因此，在挑选镜头画面时，需要注重音质因素，选择高品质且符合场景的音频素材，以提升镜头画面的表现力和感染力。

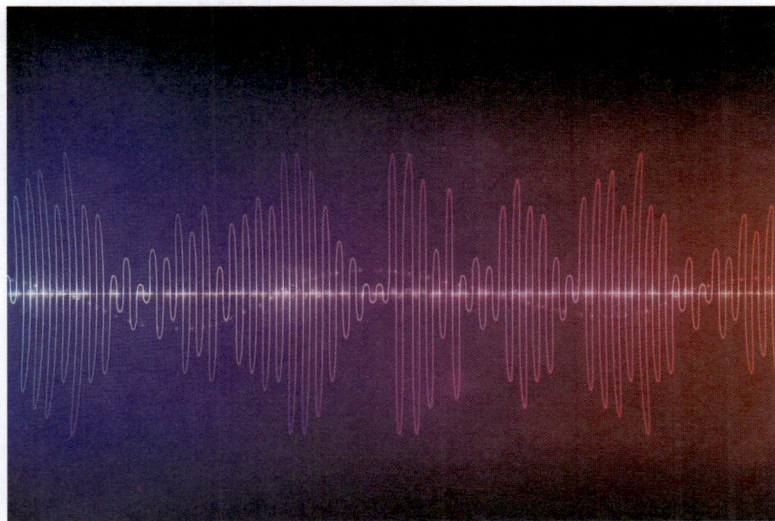

第 7 章

剪映：专业视频剪辑工具

　　剪映专业版是一款功能强大的剪辑软件，深受众多剪辑师的喜爱。本章将详细介绍这款软件的基本操作，帮助大家更好地利用它来完成剪辑工作，提升作品的质量和效果。

什么是剪映

剪映专业版是一款功能强大的视频编辑工具，旨在为用户提供轻松、高效、专业的视频编辑体验。无论是剪辑师、学生、Vlogger、剪辑爱好者还是博主，都能通过剪映专业版迅速上手，制作出专业且高阶的视频效果。

首先，剪映专业版具备人工智能（AI）功能，可以帮助用户高效创作，将繁复的工作交给 AI 处理，从而节约时间。例如，通过智能字幕功能，用户可以轻松识别视频中的人声，自动生成字幕，也可以输入音视频对应的文稿，自动匹配画面。同样，智能识别歌词功能则可以帮助用户快速生成歌词轨道，使制作歌词视频变得更加简单。

其次，剪映专业版支持多轨音视频编辑，轻松处理复杂的项目。用户可以轻松导入、剪辑和导出多个音视频轨道，实现更丰富的视频效果。此外，软件还提供了曲线变速功能，用户可以一键添加专业变速效果，让视频更具动感。

在视觉效果方面，剪映专业版内置了海量素材，包括音频、花字、特效和滤镜等。这些素材实时更新，满足了用户不同角度的创作需求，让视频更加丰满。同时，软件还支持多类型蒙版，让转场更加丰富，提升视频的观赏性和流畅性。

最后，剪映专业版具备简单易用的界面和强大的功能面板，布局更适合电脑用户，使用户能够更快速、更直观地完成视频编辑任务。同时，软件还提供了多种预设样式和选项设置，如动画、朗读等，让用户能够更轻松地调整视频效果，实现个性化创作。

总之，剪映专业版是一款功能全面、操作简单、高效实用的视频编辑工具。无论是新手还是专业用户，都能通过它轻松实现视频剪辑、特效制作、字幕添加等需求，让创作变得更加高效和有趣。

剪映的下载与安装

要下载剪映专业版的安装程序，可以通过浏览器访问其官方网站并进行下载。下载完成后，双击该程序，将会弹出安装界面。默认情况下，剪映专业版会被安装在 C 盘上。若希望更改安装路径，用户可单击安装界面中的"更多操作"按钮，随后单击"浏览"按钮，在输入框中选择希望安装剪映专业版的路径。

安装程序默认创建剪映专业版的桌面快捷方式。如果不需要桌面快捷方式，可以取消勾选"创建桌面快捷方式"复选框。

安装路径选择完成后，单击"立即安装"按钮，即可进行安装。安装过程用户不需要任何操作。

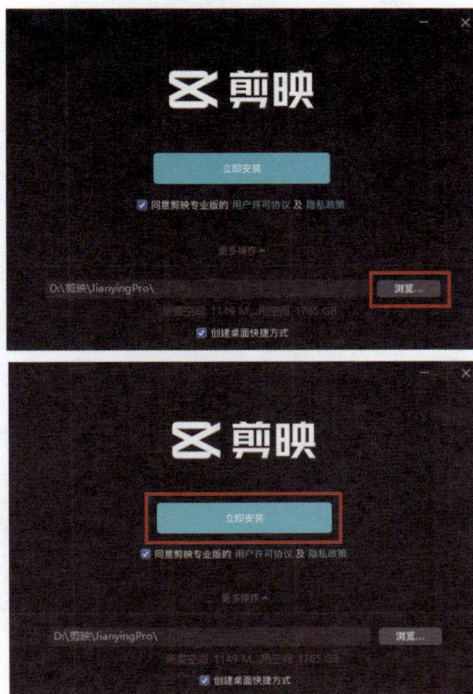

进入剪辑界面

　　启动剪映专业版时，软件会检测运行环境。检测完成后，会弹出相应的检测结果提示。此时，用户只需单击"确定"按钮，即可进入剪映专业版。

　　进入剪映专业版的软件界面，用户可单击界面上方的"开始创作"按钮，进入剪映专业版工作界面进行视频剪辑及特效的制作。

剪辑界面功能分布

　　剪映专业版的工作界面（也可以称为剪辑界面）分为四大区域。❶为媒体素材区，用于导入剪辑所需的各类媒体素材。此外，在制作视频时所需的各种特效和工具也在该区域中添加。❷为播放器区，为用户提供了一个预览导入素材及剪辑效果的窗口，使用户能够实时查看和调整编辑成果。❸为属性调节区，是调整各种特效属性及参数的重要区域。❹为时间线区，用户可以在此添加各种特效轨道、调整视频时长等，以满足精细的剪辑需求。

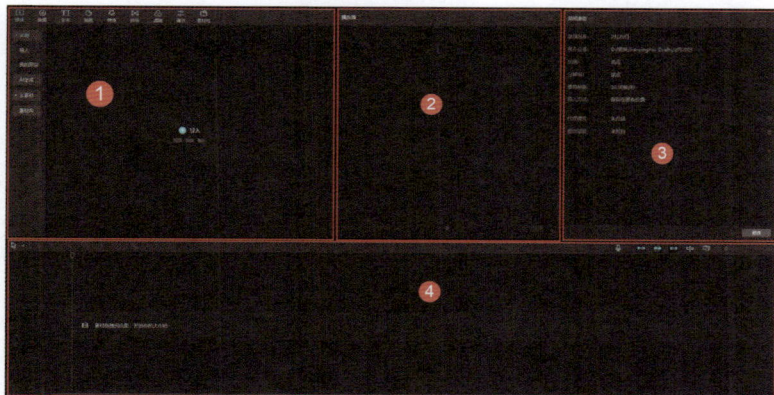

导入视频素材：本地素材

　　启动剪映并进入剪辑界面后，在页面左上角找到"导入"按钮。单击该按钮，就可以将素材添加到剪映中。这些素材可以是视频、音频或图片等。

　　选中希望导入的素材文件，然后单击"打开"按钮，这些文件就会被导入到剪映的"本地"选项卡中。如果需要同时导入多个文件，可以按住键盘上的 Ctrl 键，依次单击选中多个文件，然后将选中的这些文件导入剪映即可。

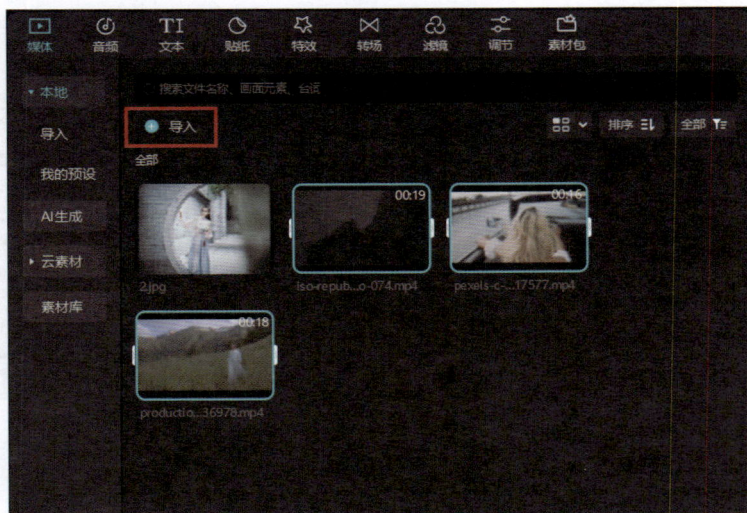

导入视频素材：素材库素材

剪映除了支持用户上传本地素材和云素材，还提供了一个丰富的素材库，其中包含众多由官方精心收集和整理的剪辑素材。这些素材不仅数量众多，而且类型多样，能够满足用户在剪辑过程中的各种需求。虽然部分高质量视频素材仅限 VIP 用户（付费用户）使用，但大多数常用素材均可免费获取和使用。用户只需在剪映中打开素材库，通过单击即可选中并应用所需素材，从而更便捷地实现短视频的呈现效果。

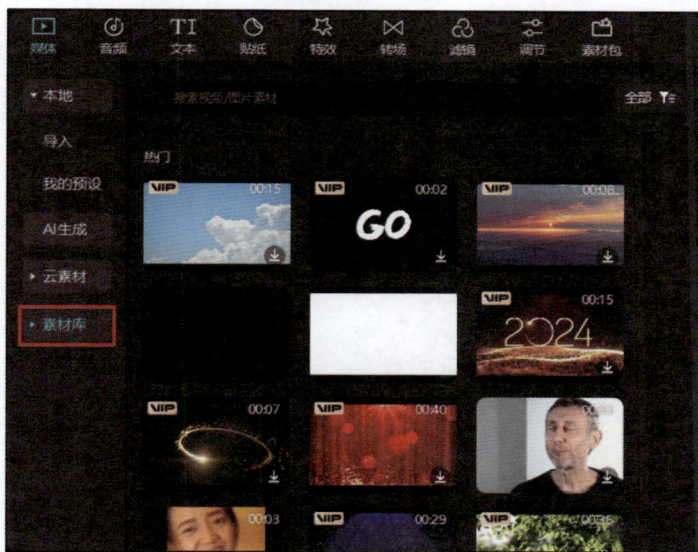

播放器区：预览视频素材

剪映中的播放器区主要用于预览和编辑视频、图片及音频素材。在这个区域，用户可以直观地看到正在编辑的素材的实时效果，从而更好地进行编辑和调整。

在将素材添加到轨道中之前，用户可以在预览面板中看到素材的效果。这样，用户可以在实际添加到项目中之前，对素材进行预览和筛选。

播放器区通常配备有播放和暂停按钮，用户可以使用这些按钮来控制素材的播放。这些按钮通常可以通过鼠标或键盘上的空格键来控制。

在播放器区中，用户还可以对素材进行放大、缩小等操作，以便更好地查看和编辑素材的细节。播放器区还提供了屏幕规格设置按钮，用户可以通过这些按钮来设置素材的显示大小和比例，以适应不同的输出需求。

播放器区通常还配备全屏播放按钮，用户可以通过单击这个按钮来将素材全屏显示，以便更好地查看和编辑素材。

添加素材至轨道

在媒体素材区，用户只需单击已导入的素材，预览窗口就会显示该视频的画面。如果确定使用该素材，则将其添加到时间线轨道中即可。有两种方法可以实现这一操作：第一种方法是直接单击素材右下角的蓝色加号，这样素材就会被添加到轨道中；另一种方法是单击媒体素材功能区的视频素材，将素材拖动到时间线区的视频轨道上再松开鼠标，这样也能成功地将素材添加到轨道中。

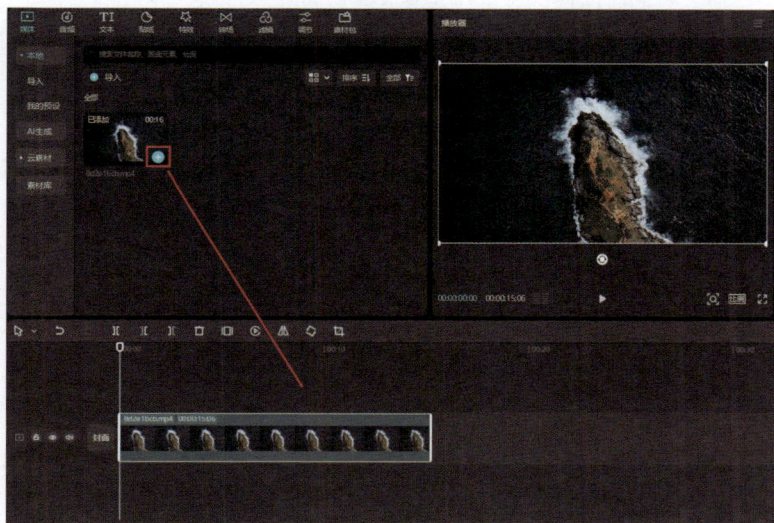

时间线区

　　时间线区是非常重要的区域，所有导入的素材都会被添加到时间线区的不同轨道上。在每条轨道左侧都有多个标志。锁形图标可用于锁定当前轨道，一旦轨道被锁定，将无法对其进行任何操作；单击眼睛图标可以隐藏当前轨道，用户在处理多个图层时，隐藏那些不必要的轨道，可以有效减少剪辑时的干扰，使工作更加高效；喇叭图标则用于开启或关闭视频自带的原声。

　　通过控制时间指针（也称为播放头），用户可以在播放器中浏览不同时间处的素材效果。此外，在时间线区还可以添加音频轨道和字幕轨道。

导出视频素材

　　在完成视频剪辑与调色等操作后，用户可以导出视频。剪映的导出操作既简洁又高效。用户只需单击软件界面右上角的"导出"按钮，在弹出的界面中，指定视频的名称和存储位置，并在导出选项下方设置适当的分辨率、码率、编码格式和帧率等参数。一般而言，分辨率应根据视频的具体用途来确定。例如，若视频主要用于网络分享，那么将分辨率设定为1080P 即可。关于编码格式，推荐使用 H.264，同时建议将视频格式设定为 mp4。对于网络视频分享，将帧率设定为 30fps（帧 / 秒）是一个不错的选择。完成上述设置后，只需再次单击"导出"按钮，即可将视频导出。

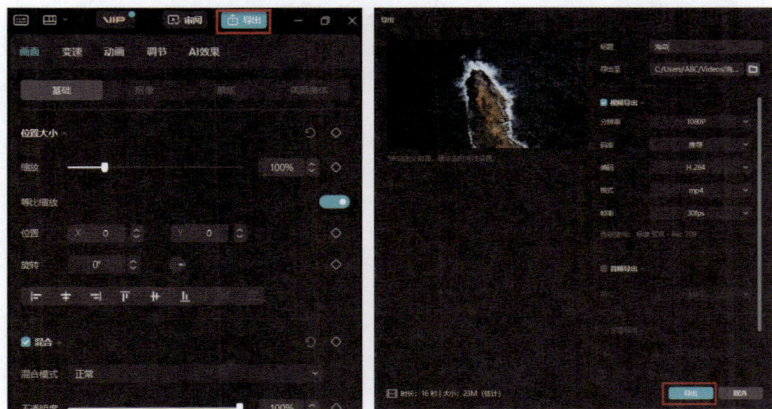

缩放视频素材：精确控制剪辑

在将视频加载到视频轨道中后，如果观察到显示的视频缩略图尺寸偏小，可通过调整时间线缩放滑块来优化观察与编辑体验。在时间线区的右上角，拖动滑块可以改变视频轨道的显示长度。此外，亦可按住键盘上的 **Ctrl** 键并转动鼠标滚轮进行缩放操作，以适应不同的编辑需求。这些调整有助于用户更精确地控制视频剪辑流程。

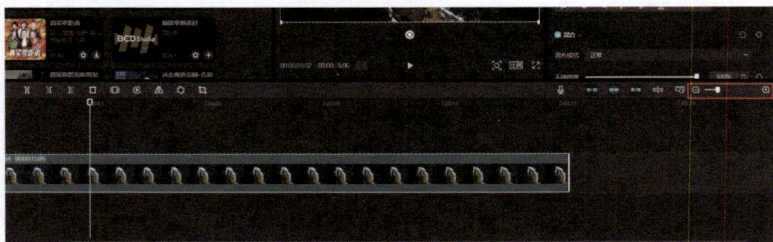

主轨磁吸功能的用法

在时间线区右上角，有一个名为"主轨磁吸"的功能按钮。若将此功能关闭，用户在主视频轨道单击并拖动某段素材时，可将该素材自由定位于任意位置。在此状态下，两段视频素材将无法实现无缝拼接。启用此功能后，用户在拖动素材并释放鼠标时，第二段视频将自动吸附至第一段视频后，从而实现两段视频的无缝拼接。此功能在视频编辑中具有较高的实用性，推荐用户开启此功能。因为在关闭此功能的状态下，用户在进行视频拼接时可能会遇到难以精确拼接的问题。

自动吸附功能的用法

"自动吸附"是一种与"主轨磁吸"相似的功能，但两者的应用对象有所不同。"主轨磁吸"主要适用于主视频轨道，而"自动吸附"则针对其他轨道，如第二条和第三条视频轨道。关闭"自动吸附"功能后，在第二条视频轨道中，改变后一段素材的位置，则两段素材将无法直接拼接。开启"自动吸附"功能后，两段素材将自动吸附拼接，从而提高编辑的效率和准确性。

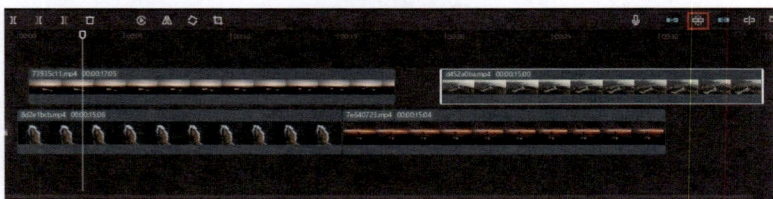

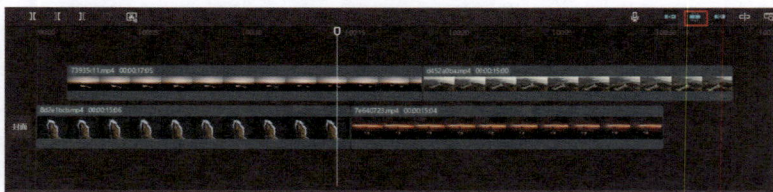

分割视频

在剪辑视频的过程中，有时会遇到视频素材时长过长的情况，此时需对素材进行分割处理。下面介绍如何在剪映软件中对视频素材进行分割。

在视频轨道拖动时间指针，直接按键盘上的 **Ctrl+B** 组合键可以在时间线对应的位置分割视频。拖曳时间指针至需要分割的视频片段处，单击时间线区的"分割"按钮也可分割视频。

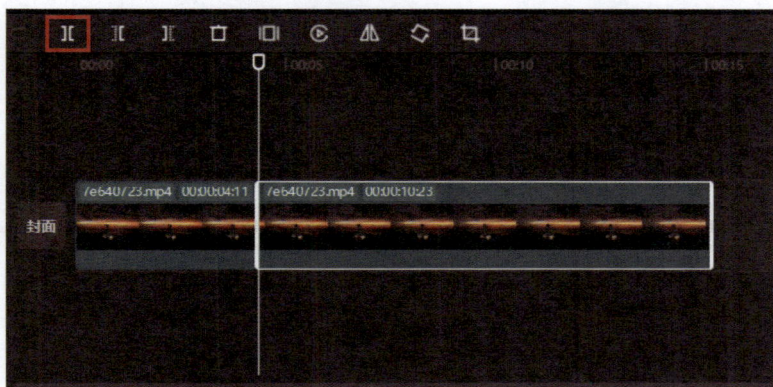

替换视频

　　利用替换素材功能可以对素材中不适宜的片段进行替换，同时将所需的视频片段纳入其中，从而实现预期视频效果的呈现。下面介绍在剪映中替换视频素材的操作方法。

　　在本地素材区域，选中需要替换的视频，然后按住鼠标左键将该素材拖动至被替换视频的位置。在正式替换前，系统将弹出替换预览窗口。若替换视频时长较长，系统将自动进行裁剪，确保替换片段与被替换片段的时长一致。若替换视频时长过短，则无法替换，并弹出提示"素材过短，无法替换"。

　　在原视频中如有倒放等特殊效果，勾选左下角的"复用原视频效果"复选框，便可使替换片段并继承原片段的视频效果。完成设置后，单击"替换片段"按钮即可实现替换。

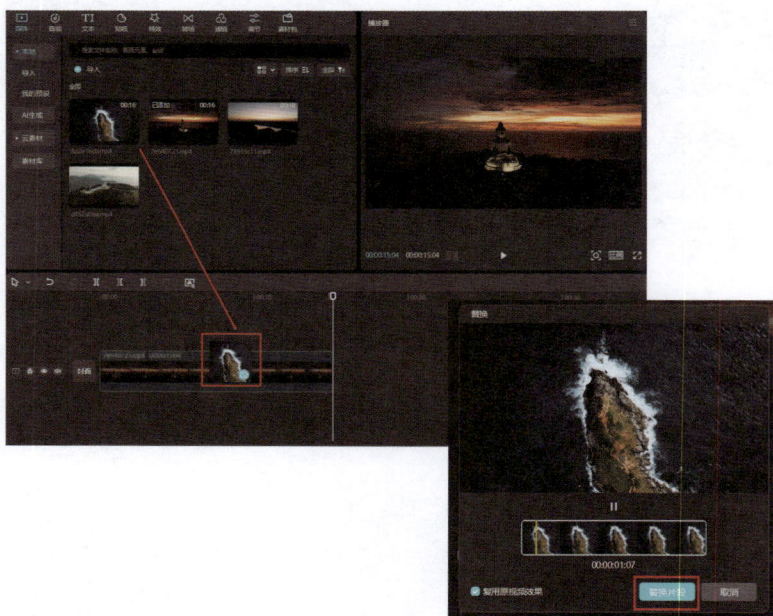

调整顺序

在剪映软件中，为实现对特定素材的优先处理，可将该段素材置于轨道前端。下面介绍在剪映中调整视频素材的操作方法。

在当前时间线区存在两段视频素材。选中后方的视频素材，并按住鼠标左键不放，将其拖至第一段视频素材之前，随后松开鼠标，即可完成视频素材顺序的调整，非常简单和方便。

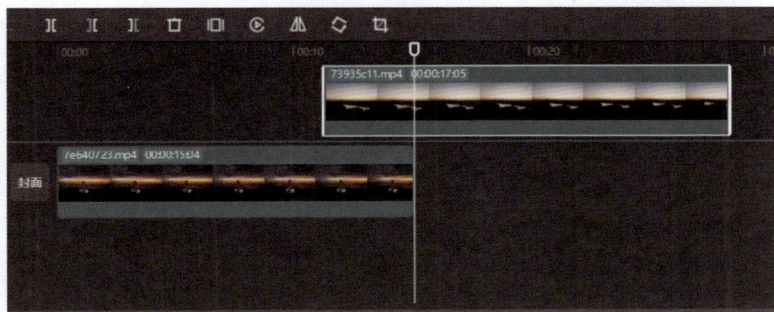

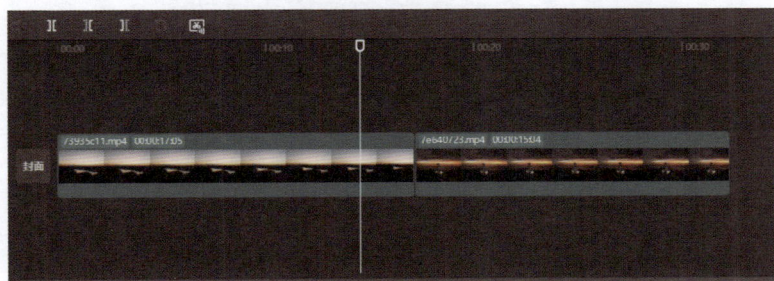

删除视频

在编辑视频时，用户可能会添加一些重复或无关紧要的片段，这些片段不仅占用了存储空间，还可能影响观者的观看体验。通过删除这些片段，可以让视频更加紧凑和流畅。

在编辑视频的过程中，用户可能会不小心添加了错误的片段，或者某个片段的添加位置不正确。通过删除这些错误的片段或移至正确的位置，可以使视频内容更加准确和符合预期。

有时候，用户可能需要对视频的结构进行调整，以更好地呈现内容。通过删除一些不必要的片段，可以突出视频的重点，使内容更加突出和易于理解。

在剪映中，删除视频素材的方法相对简单。在剪映专业版中，选择想要删除的片段，单击垃圾桶图标，或者按 Delete 键或 Backspace 键就可以进行删除。

需要注意的是，在删除视频素材之前，用户应该仔细确认要删除的片段是否确实不需要，以免误删重要内容。

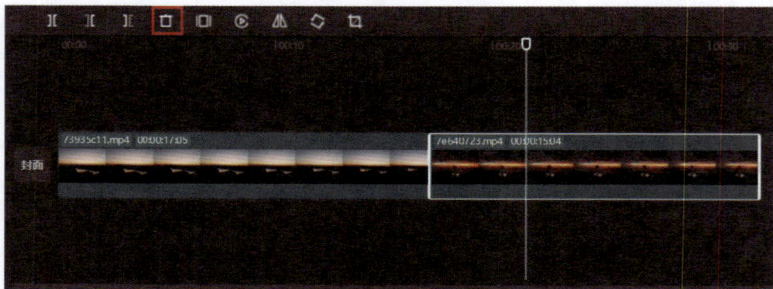

视频变速

在剪映中，用户能够根据自身需求对视频的播放速度进行调整，实现动作视频的慢速播放。下面介绍在剪映中调整视频播放速度的操作方法。

打开剪映，进入剪辑界面，将视频素材导入剪映，并将其添加到下方的视频轨道上。在调节区的"变速"选项卡中，将"常规变速"选项下的"倍数"设为 2.0x。

调节完成后，在视频轨道中可以看到视频素材的播放时长被缩短了，视频轨道上方还显示了变速的倍率。

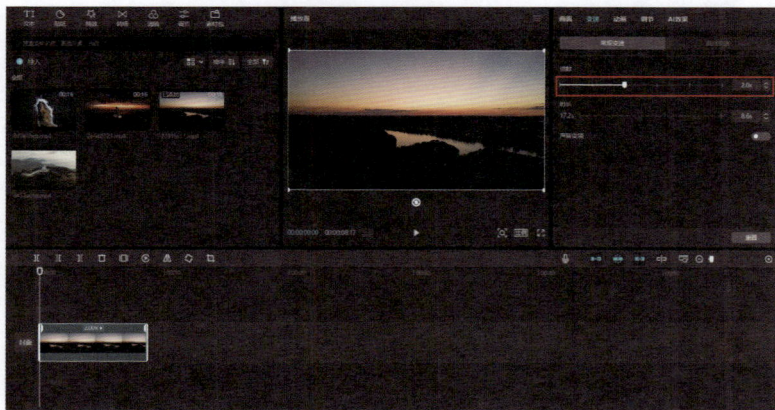

画面旋转

若用户在观看视频时发现水平线倾斜，为确保视频质量，推荐采用以下步骤进行校正。首先，选中视频轨道，进入"基础"选项卡，在该选项卡中提供了调整画面角度的功能。通过调整旋转角度，用户可以精确地修正画面的水平线，使其回归正常。虽然在时间线区提供了一个"旋转"按钮，但考虑到其角度调整功能有限，仅限于 90°的旋转，而大多数视频并不需要如此大幅度的旋转，因此不建议使用该功能进行水平线的校正。

画面镜像

　　利用剪映的镜像功能可以实现视频画面的镜像调转，即左右颠倒，用于打造独特的视频效果。下面介绍剪映中的镜像功能。

　　打开剪映，将视频素材导入到剪映中，并将它们添加到下方的视频轨道上。选中视频轨道上的视频素材，然后单击时间线区的"镜像"按钮，即可实现画面的左右翻转，实现了镜像效果。再次单击"镜像"按钮可以恢复画面左右翻转前的效果。

画面裁剪

　　通过对画面四周空旷区域的裁切，可以进一步凸显画面中的核心元素。下面介绍剪映软件中的裁剪功能。

　　选中视频素材，在时间线区的工具栏中选择"裁剪"工具。设置"裁剪比例"为 16∶9。接着在视频画面中单击并拖动鼠标裁剪边线，以调整保留区域。待确定保留区域后，单击"确定"按钮，即可完成视频的裁剪，从而保留关键部分。

倒放视频

利用剪映的倒放功能可以调整视频的播放顺序，使视频呈现出从后往前播放的效果，宛如时光倒流，为视频增添了别样的趣味。下面介绍剪映中的视频倒放功能。

打开剪映，进入剪辑界面，将视频素材导入到剪映中，并将它们添加到下方的视频轨道中，然后直接单击时间线区域上方的"倒放"按钮，即可实现视频的倒放效果。从示例图中可以看到，设定倒放后，视频出现了左右翻转。

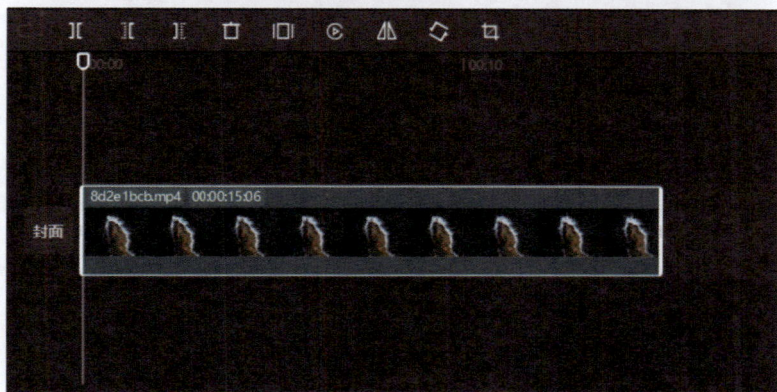

添加蒙版

　　剪映中的蒙版工具具有多种作用，通过蒙版，可以隐藏视频或图片的某些区域，以达到修饰画面的作用。例如，当视频中有一些隐私信息需要隐藏时，可以使用蒙版将其遮挡住。

　　高亮或突出显示特定部分：蒙版可以用来突出显示视频或图片中的某些元素，使其更加醒目。比如，可以通过蒙版将某个物体或人物框起来，使其成为焦点。

　　借助蒙版的不同形状或抠图，可以实现一些特殊的视觉效果，如动画过渡、图形变形、虚化等。通过设置不同的蒙版，可以营造出具有艺术感或奇幻感的效果。

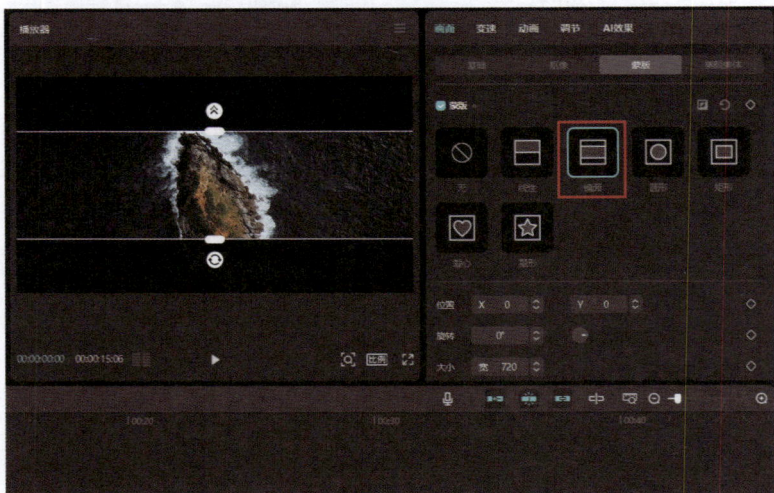

定格功能

　　使用定格功能可以让视频画面在一段时间内保持静止，从而凸显特定片段。当需要突出某个画面或模拟摄影效果时，运用定格功能便能达到此目的。下面介绍剪映中的定格功能。

　　进入剪辑界面，载入视频。将时间指针拖至需要定格的节点，单击时间线区上方的"定格"按钮，即可实现画面的定格效果，定格时间默认为 3s。用户也可以对定格时间进行调整。

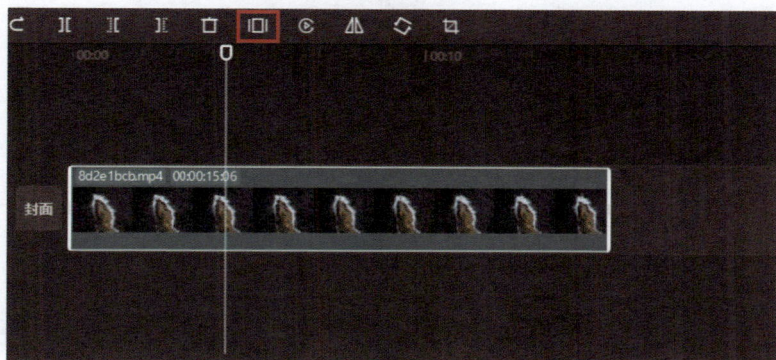

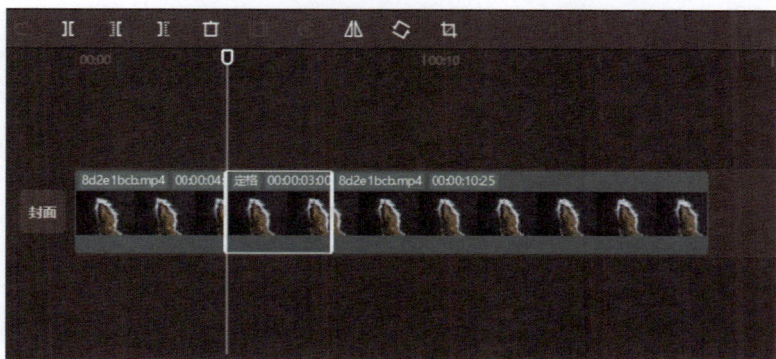

智能抠像

　　剪映中的智能抠像功能主要用于去除背景，抠出人物。使用智能抠像功能，用户可以将视频中的人物或物体从原始背景中分离出来，以便在后期制作中进行更多的创意编辑和效果处理。

美颜美体

使用剪映中的磨皮瘦脸功能可以对人物面部进行优化处理，从而提升其美感。下面介绍剪映中的磨皮瘦脸功能。

使用美颜功能可以去除皮肤上的瑕疵，如痘痘、斑点等，使皮肤看起来更加清晰、光滑。此外，使用美颜功能还可以提亮肤色，使人物整体看起来更加亮丽。

而美体功能则主要针对人物的身材进行调整。例如，它可以实现瘦脸、瘦身等效果，使人物的脸型和身材更加匀称、美观。这些功能均可以通过调整相关参数来实现不同程度的美化效果，以满足用户的不同需求。

在"画面"选项卡的"美颜美体"面板中，在"美颜"选项组中调节"磨皮"和"美白"滑块，即可让人物皮肤更光滑、白皙。之后，还可以在参数面板下方找到"美型""手动瘦脸"等功能，选中相应功能复选框后可以调整人物的脸型、身材等，让人物整体显得更美、身材更好。

色度抠图

　　色度抠图是剪映中一个非常重要的工具，它允许用户选中画面中的某种颜色，并将该颜色从画面中抠除，使被抠除的区域变得空白透明。这种工具特别适用于那些背景颜色相对单一或背景颜色与主要元素颜色有明显差异的场景。

　　例如，如果有一个绿色背景的视频素材，则可以使用色度抠图工具将绿色背景抠除，这样视频中原本绿色的部分就会变得透明，露出下面的背景视频或图片。

　　注意，色度抠图的效果可能会受到视频质量、颜色分布和光线条件等因素的影响。因此，在使用色度抠图工具时，可能需要多次尝试和调整，以获得最佳的效果。

视频防抖

　　在拍摄视频时，若拍摄设备不够稳定，容易出现画面抖动的问题。为了解决此问题，可利用剪映提供的视频防抖功能来确保视频画面的稳定。下面介绍在剪映中设置视频防抖的方法。

　　将视频素材导入到剪映中，并将它们添加到下方的视频轨道上。选择视频，在"画面"选项卡的"基础"面板中，勾选"视频防抖"复选框，选择"最稳定"防抖等级，即可获得更平滑的画面效果。

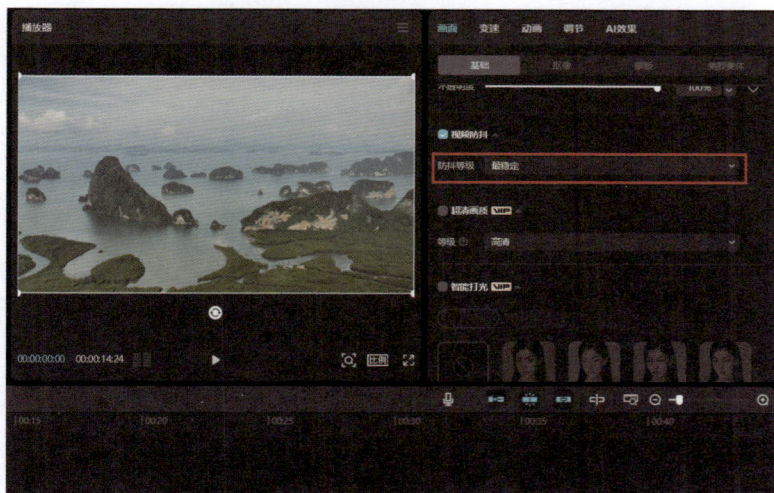

设置比例

　　剪映的比例调整功能可以方便用户灵活地切换视频比例，比如将横屏视频转换为竖屏视频，从而适应不同设备的发布需求。下面介绍在剪映中设置画面比例的方法。

　　将视频载入视频轨道后，在预览窗口右下角单击"比例"按钮，打开下拉列表。在下拉列表中选择"9∶16（抖音）"，将画布调整为相应的尺寸，视频画面上下会以黑色填充。

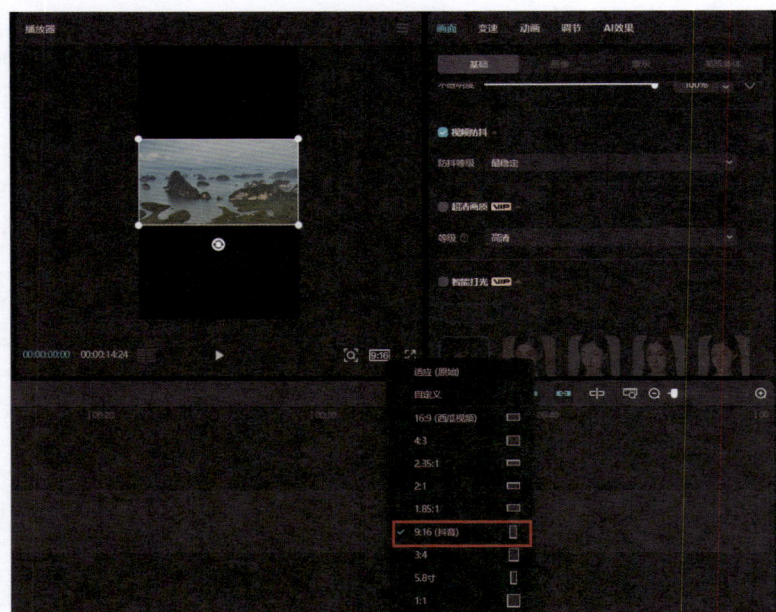

设置背景

在将视频切换为横版或竖版后，往往会出现大片黑色背景。用户可利用剪映的背景填充功能，调整背景颜色或更换背景。下面介绍在剪映中设置视频背景的方法。

将视频素材导入到剪映中，并将它们添加到下方的视频轨道上。在预览窗口右下角单击"比例"按钮，在弹出的下拉列表中设定画布比例为 9∶16。此时，选中视频轨道，在"画面"选项卡的"基础"面板中，选中"背景填充"复选框，展开其下拉列表，选择"模糊"选项后，将呈现 4 种不同程度的模糊背景，选择一种后可以看到视频上下被模糊的画面填充。

实际上，还可以在"颜色"面板中，根据需求设置多种颜色的背景以凸显画面。在"样式"面板中，可为视频添加不同风格的背景。

第 8 章

音频的编辑

音频在视频中具有举足轻重的作用，其重要性不容忽视。合适的音频不仅能够为视频增添色彩，提升整体质感，而且在某些情境下，其表现力甚至能够超越视频本身，成为传递情感和信息的关键所在。因此，对音频进行精细的编辑和处理显得尤为重要。本章将介绍音频的编辑技巧，帮助读者更好地掌握相关技能。

背景音乐的作用

在多种媒介中，如电影、电视剧、广告、游戏和视频制作领域，背景音乐都扮演着重要的角色。其主要作用如下。

（1）增强氛围：通过控制音乐的节奏、音色、音量等，能够营造出与作品情感相契合的氛围，使观者更好地感受作品所要表达的情感和情绪。

（2）引导情感：通过控制音乐的旋律、和声、节奏等，能够引导观者的情感，使观者更好地理解和感受作品所要传达的情感。

（3）衬托情节：通过音乐的变化、转折等方式，背景音乐能够衬托出作品中的情节，使观者更好地理解作品的情节发展。

在视频制作中，背景音乐的作用尤为重要。它不仅能够增强视频的氛围和情感表达，使观者更加沉浸其中，还能够弥补画面之间的过渡和镜头的不足，提升整体的观赏效果。

总的来说，背景音乐虽然不是主角，但却是整个作品的重要组成部分。正确认识背景音乐的重要性，对制作人员和观者来说都是非常必要的。

在乐库中选择音乐

　　打开剪映，进入剪辑界面，将视频素材导入，并将其添加到下方的视频轨道上。注意，在添加音频之前，建议将时间指针调整到视频轨道开始的位置，这样后续添加的音频会在前端与视频对齐。

　　单击"音频"按钮，进入音乐素材界面，剪映提供了丰富多样的音乐素材。单击音乐素材，即可试听音乐效果。选定心仪的音乐后，单击其右下角的蓝色加号（添加到轨道）按钮，即可将该音乐导入至音频轨道中。

通过链接下载音乐

　　打开剪映，单击"音频"按钮，切换至"链接下载"选项卡。在界面右侧的输入框内粘贴已复制的视频或音乐链接，随后单击"下载"按钮。

　　等待一段时间，链接中的音频将被解析出来。随后，单击音频右下角的蓝色加号按钮，便可将音频添加至音频轨道中。

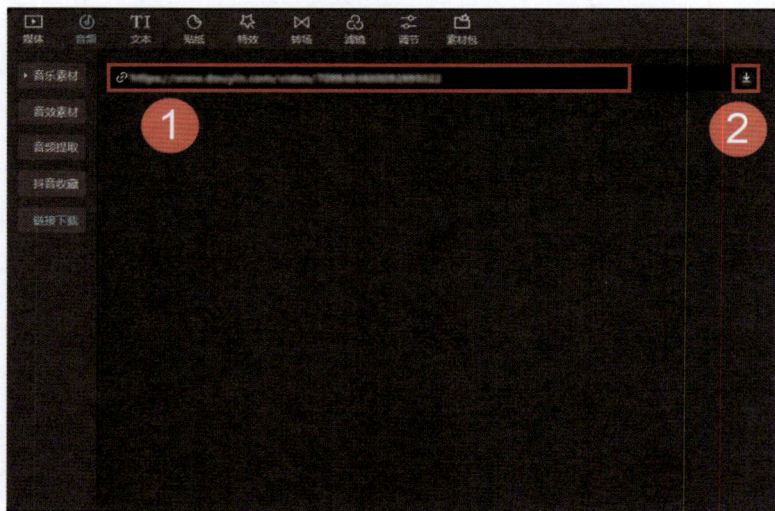

添加收藏的音乐

利用剪映与抖音生态圈之间的协调功能，用户可以在剪映中直接使用抖音收藏的音乐。要这一功能，用户需要在抖音中预先收藏特定的音乐，而非抖音内容本身。

具体操作步骤为：点击抖音视频右下角的音乐链接，进入音乐详情页面，并将该音乐添加到收藏夹中。随后，在剪映中编辑视频时，只需登录抖音账号，并展开左侧的"抖音收藏"选项卡，即可看到在抖音中收藏的音乐。这样，用户就可以轻松地为视频添加这些音乐了。

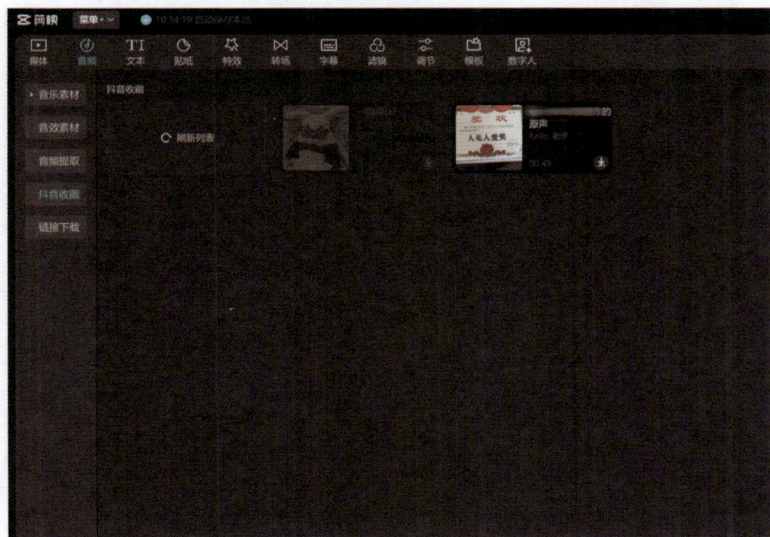

提取视频中的音乐

接下来将详细阐述如何利用本地存储的视频素材为待处理的视频添加背景音乐。实际上，此操作相当简单。

在软件界面左上角，单击"音频"按钮，选择"音频提取"选项卡。随后，单击"导入"按钮，将希望使用背景音乐的视频素材导入剪映。完成导入后，单击该素材右下角的蓝色加号，即"添加到轨道"按钮。此时，视频素材中的背景音乐将被提取并自动添加到下方的音频轨道中。

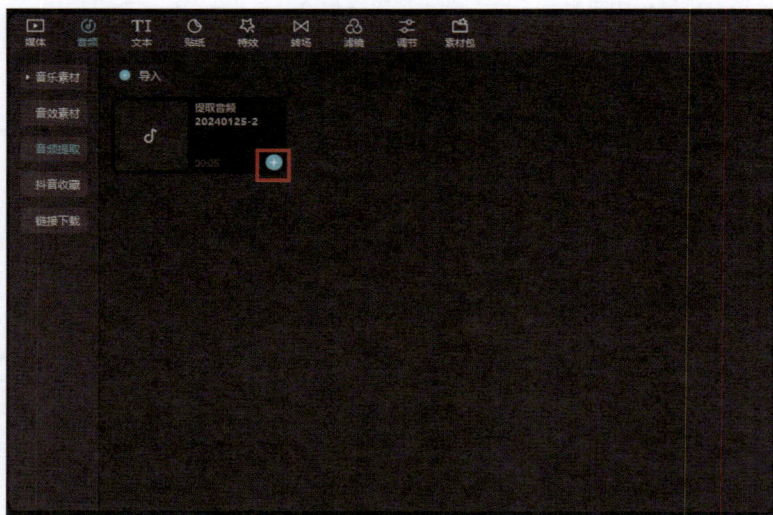

调整音量的方法

　　在编辑视频的过程中，视频轨道下方将展示出所添加的音频轨道。针对音频轨道的音量调整，有两种有效的方法。选中音频轨道，随后在右侧的"基础"面板中找到"音量"滑块，通过左右拖动此滑块，可以调整音频的音量大小。具体来说，向左拖动"音量"滑块将降低音量，而向右拖动"音量"滑块则会提高音量。另一种更为简单的方法是将鼠标指针悬停在音频轨道上，此时音频轨道图标中间出现了一条白线。通过上下拖动这条白线，同样可以实现对音频音量的调整。

添加音效

　　为视频添加合适的音效，可以让视频更具趣味性，或是提升视频气势。下面的示例是尝试增加猫叫的声音，来丰富视频的视听效果，提升视频气势。

　　载入视频后，在界面上方单击"音频"按钮，在界面左侧单击"音效素材"按钮，之后在搜索框内输入"猫叫"，这样可以搜出大量猫叫的音效素材，随后在右侧列表中选择一种猫的声效。之后，只需将该音效素材拖至音频轨道上，即可完成音效的添加。此操作过程简洁明了，与添加背景音乐的流程基本一致。通过这样的编辑，视频将更具生动性和沉浸感。

淡入淡出

在添加背景音乐时，建议同时设置淡入与淡出效果。这样可以在开始播放视频时，背景音乐的音量由无到有、由小到大、由低沉到高昂，呈现出一种逐渐增强的效果。而当将视频播放至结尾时，背景音乐的音量则会由高到低，直至逐渐消失，为观者带来一种舒适且自然的听觉体验。

有两种方法可调整背景音乐的淡入和淡出效果：第一种，直接选中音频轨道，然后在右侧的"基础"面板中，通过拖动"淡入时长"和"淡出时长"滑块来改变音频的淡入和淡出效果；第二种，将鼠标指针移动至音频轨道的开始和结束位置，那里各有一个白色圆点，通过拖动这些圆点向视频中间位置移动，也可以轻松地调整音频的淡入和淡出效果。

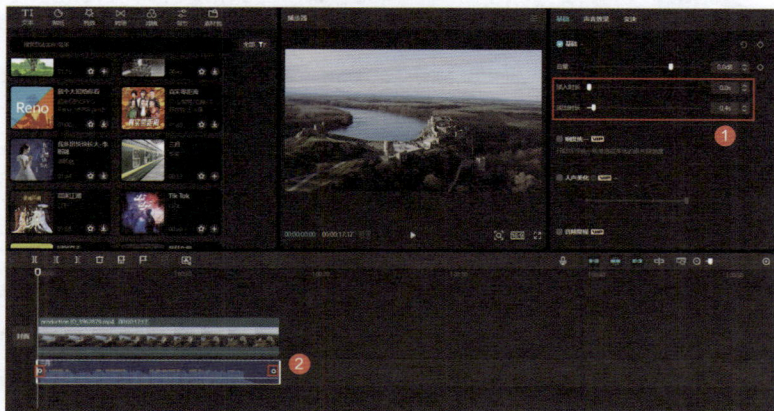

声音变速

在剪映中，对音频进行变速处理可以调整视频节奏，为视频制作带来丰富的效果。下面讲解如何对音频进行变速处理。

打开剪映，进入剪辑界面，单击"音频"按钮，在"音乐素材"选项卡中选择合适的音频并将其添加到音频轨道中，选择音频轨道，切换至"变速"选项卡，其中默认的倍数参数为"1.0x"。往右拖动"倍速"滑块即可对声音进行变速处理。

变声功能

　　剪映中的变声功能为用户提供了丰富多样的声音效果，不仅可以为视频中的声音增添趣味性，还能模拟各类声音特点，使角色更加生动鲜明。下面详细介绍变声功能的使用方法。

　　打开剪映，进入剪辑界面，单击界面左上角的"导入"按钮，将视频素材导入到剪映中，并将它们添加到视频轨道上。

　　单击"音频"按钮，在"旅行"选项卡中选择合适的音频，单击右下角的蓝色加号按钮，将其添加到音频轨道中。选择音频轨道，在"声音效果"选项卡的"音色"面板中，选择"机器人"选项，并在下方调节强弱参数，即可使原音乐素材中的声音变成机器人的声音。

其他音频设置

在剪映中，当用户选中音频轨道后，位于软件右上方的"基础"面板中会展示一系列音频处理选项，包括"响度统一""人声美化""音频降噪""人声分离"等。

在老版本的剪映中，"音频降噪"功能是免费的，但在最新的版本中，此功能已成为 VIP 用户的专属。对许多经常进行录音的用户而言，"音频降噪"功能尤为关键，它能够有效解决因麦克风品质不足而在拍摄过程中产生的电流噪声问题。当用户需要拼接多段素材时，"响度统一"功能将变得非常实用，它可以使用户选择的单段或多段视频素材中的音频内容在响度上更加一致，从而提供更优质的观感体验。

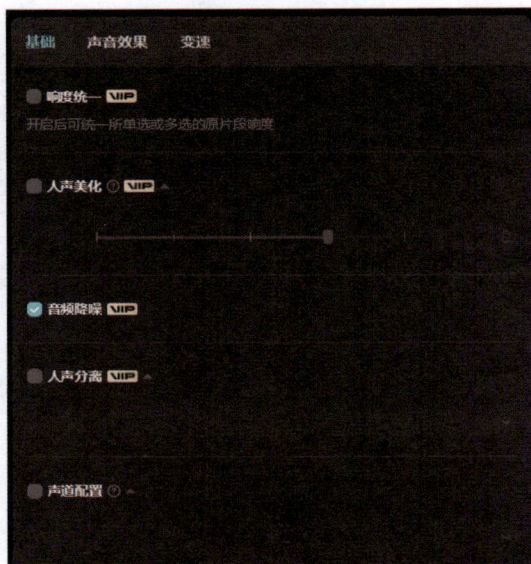

调节音频轨道的长度

在制作音视频的过程中，若音乐素材与视频或图片素材不匹配，需要调整至一致以确保整体效果，下面讲解调整音频轨道长度的步骤。

首先，打开剪映，进入剪辑界面，将图片素材导入剪映，并将它们添加至视频轨道中。接着，单击"音频"按钮，进入音乐素材界面。挑选适合的音乐后，单击其右下角的蓝色加号按钮，将音乐导入音频轨道。最后，拖动音频轨道右侧的边缘位置，调整音频轨道的长度。

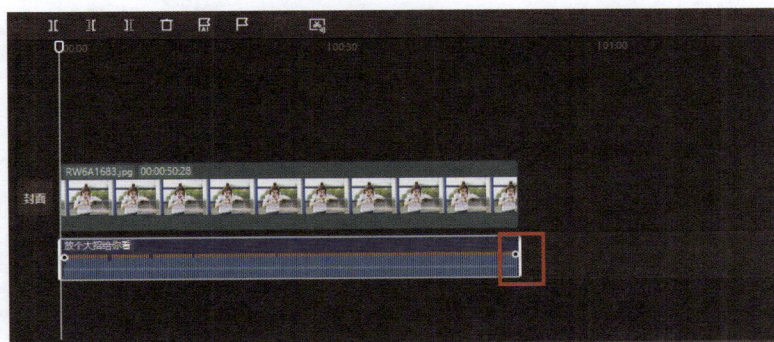

第 9 章
视频字幕的编辑

　　字幕作为一种重要的视觉元素，在视频中发挥的作用不容忽视。通过精心设计的字幕，创作者能够凸显画面中的特定成分，进而有效地传达核心信息。字幕不仅有助于引导观者的注意力，还能提升整体观看体验，为观者带来愉悦感。因此，掌握字幕的编辑方法对于创作出高质量、引人入胜的视频至关重要。本章将详细介绍字幕的编辑技巧和方法，帮助读者更好地运用字幕这一视觉元素，呈现更加精彩、富有内涵的视频作品。

字幕的类型

　　字幕在视频制作中具有重要的作用，不仅可以帮助观者理解对话和情节，还可以增强视频的视觉效果和观感。字幕主要分为以下 3 类。

　　（1）标题字幕：主要包括片头字幕和片尾滚动字幕。片头字幕包括片名、主创团队主创成员的介绍，这类字幕一般没有人声，不需要跟人声对位，可以是静态字幕，也可以是动态特效字幕（如滚动字幕、3D 字幕等）。片尾的滚动字幕则包括影视作品制作团队的所有成员、合作伙伴等。

　　（2）注解、说明、过渡性字幕：这类字幕或交代故事背景，或推进剧情发展，或起承转合，或省略剧情，留下想象的空间。

　　（3）强制字幕：这类字幕在电影制作的最初阶段就被强行"嵌入"电影中，无法更改，无法调节。

9月-昭苏-060

将字幕添加到轨道

　　打开剪映，将要处理的视频载入视频轨道。在软件界面左上角单击"文本"按钮，在左侧选择"新建文本"选项卡，然后在素材显示区单击默认文本右下角的蓝色按钮（即添加到轨道按钮），可以在下方的时间线区添加文本轨道。此时可以看到，视频画面中间出现了要添加的字幕。用户可以按住字幕拖动，改变字幕的位置，并且还可以调整字幕的大小等。

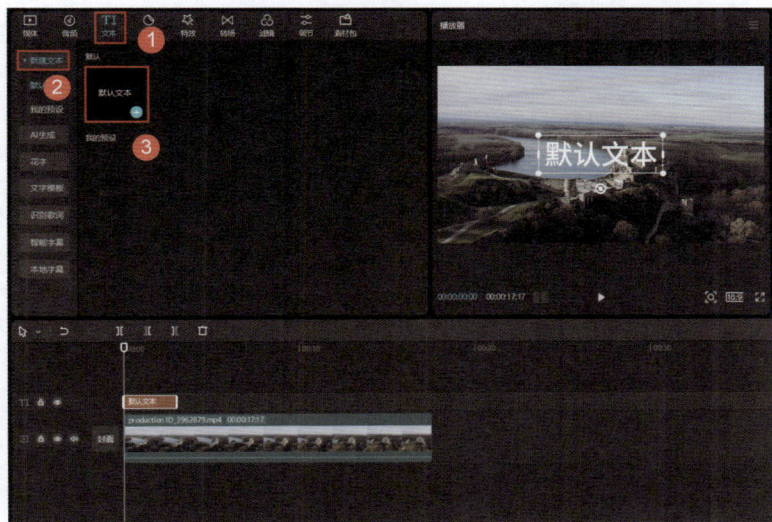

智能字幕，识别视频字幕

剪映的识别字幕功能准确率颇高，能迅速识别并添加与视频时间精确匹配的字幕，从而显著提高视频制作效率。下面讲解智能字幕功能。

打开剪映，进入剪辑界面，单击界面左上角的"导入"按钮，将视频素材导入剪映，并将其添加到下方的视频轨道上。单击"文本"按钮，在"智能字幕"选项卡中，单击"识别字幕"下方的"开始识别"按钮。

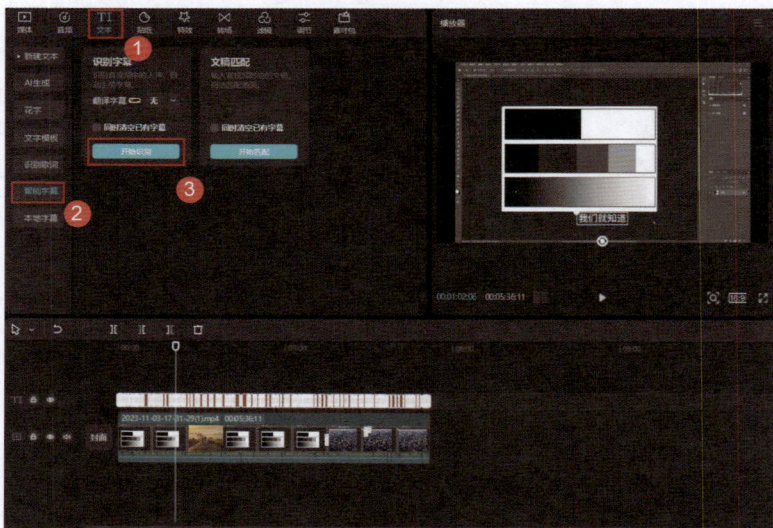

修改智能识别的字幕

对于包含语音对白的视频，在剪映中打开它时，可以通过简单的步骤为视频添加字幕。首先，单击界面上方的"文本"按钮，随后选择界面左侧的"智能字幕"功能。单击"开始识别"按钮后，剪映将智能识别视频中的语音，并自动生成字幕，这些字幕会出现在视频画面下方中间的位置。同时，轨道区域会展示相应的字幕轨道，方便用户管理。

完成自动识别并添加字幕后，用户可以在剪映主界面右侧上方找到"字幕"选项卡并打开。在这里，用户可以查看并编辑所有的字幕信息。只需单击每一条字幕，即可进入编辑状态，然后对其进行修改。尽管智能识别技术已经相当成熟，但仍然存在一些识别不准确的字幕信息，因此需要用户手动进行修正。

自动识别歌词

剪映内置了背景音乐歌词识别功能，用户可以在将视频导入视频轨道后，单击"文本"按钮，并在左侧找到"识别歌词"功能。一旦单击"开始识别"按钮，剪映便会迅速对视频内容进行深度分析，精准地识别出与背景音乐相匹配的歌词信息。这些歌词将会以清晰、易读的方式展示在视频画面中间下方的位置。

值得一提的是，剪映在识别歌词方面的准确度极高。这得益于其独特的识别技术，不仅能识别语音，还能与音乐内容进行精确匹配，从而极大地提高了歌词识别的准确性。

设置文本基础样式

　　添加字幕，无论是"识别字幕"还是"识别歌词"，都是一个重要的步骤。在识别后，用户可以轻松地对字幕轨道进行编辑。只需在界面右侧单击"剪开文本"按钮，便可在下方对文本进行修改，包括字体、字号、样式、颜色、字间距等。此外，用户还可以利用系统提供的丰富预设样式，为字幕增添更多效果，增强表现力。

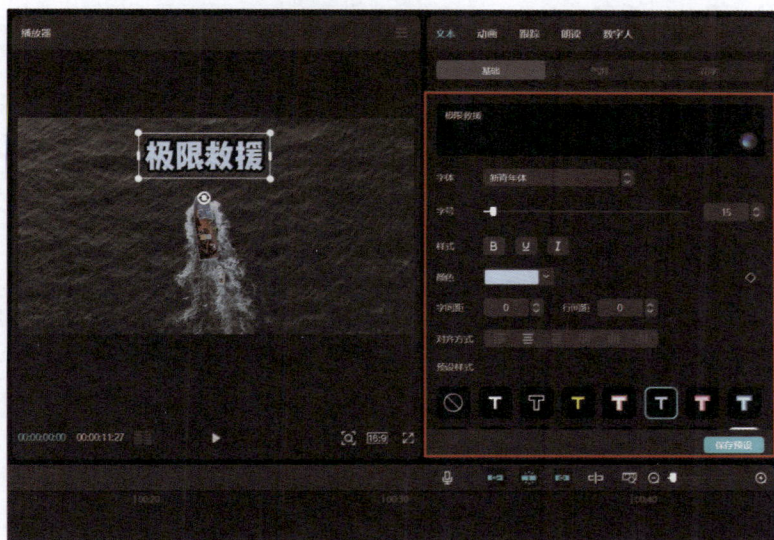

设置字幕动画

　　为了让字幕更加生动，用户还可以为其添加动画效果。具体操作非常简单。首先，将视频导入剪映，添加文字轨道。接着在软件界面右上角单击"动画"选项卡，选择"入场"或"出场"动画，从下方的列表中选择喜欢的动画效果，单击进行添加，并在下方设置动画时长。

　　例如，这里选择了"波浪弹入"动画效果。在播放时，字幕将实现弹入效果。这样的动画效果不仅为视频增加了趣味性，还能帮助观者更好地理解和欣赏视频内容。

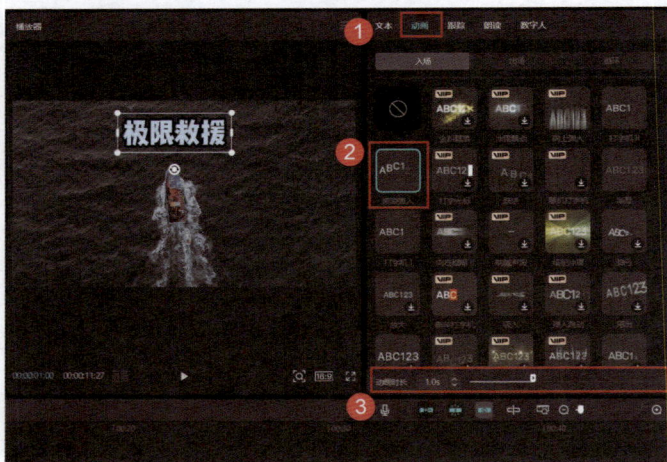

设置字幕花字

　　除了常规字幕，实际上用户还可以为视频增添花字效果。在剪映中，花字不仅是一种文字装饰，而且通过丰富的视觉效果和动态表现，还可以赋予视频情感氛围，提升视觉审美效果。

　　要将花字效果添加到视频中，请按照以下步骤操作。首先，将视频导入剪映。然后，单击"文本"按钮，再单击"花字"选项，该面板中会显示一系列花字效果供选择。选中自己喜欢的花字效果应用即可。

　　此外，在"基础"面板中，用户可以修改花字的文本内容、字体、字号等。注意，最好不要修改下方的预设样式，因为一旦修改，原本的花字效果可能会发生较大变化，可能就不再符合之前所选的花字效果了。

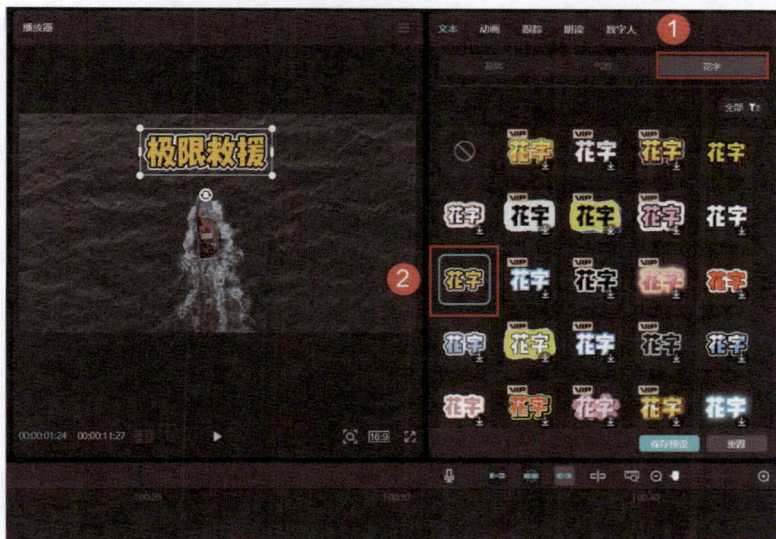

使用文字模板

在某些特定的情境下，要为视频添加独特的字幕效果，可以利用文字模板来实现。这些效果包括但不限于片头、片尾字幕及视频中间详细的字幕等。将视频导入剪映中后，在"文本"界面中单击"文字模板"选项卡，从中挑选合适的模板，并将其拖至字幕轨道。此时，视频画面中即可呈现出所选文字模板。此外，用户还可以在右侧的文本编辑区域对文字内容进行修改。事实上，这种文字模板同样适用于片尾字幕，效果尤佳。

打造"卡拉OK"字幕效果

　　利用剪映丰富的预设功能，用户可以为视频添加常见的动画效果。例如，要模拟 KTV 中的"卡拉 OK"字幕效果，首先单击"文本"按钮，选择"识别歌词"功能，软件便能自动识别视频中的背景音乐歌词。随后，将识别出的歌词添加到视频轨道和字幕轨道。用户可以选择特定的或所有的字幕，并进入"动画"界面。在这里，选择"打字机 II"动画效果，并将其应用到所选的字幕上。这样，字幕就会呈现出"卡拉 OK"效果，随着歌声逐字变化。为了确保字幕与歌手的声音同步，建议大家根据需要进行微调，通过调整下方的动画时长来确保同步性。

第 10 章
画面的调色

　　调色是剪辑工作的重要环节，既是重点也是难点所在。掌握这些知识和技能，剪辑师们能够更好地运用调色技术，提升视觉效果，使作品更具艺术感染力和观赏性。本章将深入探讨视频调色的目的与目标，详细解析调色原理，并分享调色功能的使用技巧。

调色的目的

　　给视频调色是指对视频的色彩和氛围进行调整，以达到特定的艺术效果和视觉表达。一般来说，通过调整亮度、对比度和色彩饱和度等参数，可以使视频更加生动、鲜艳和吸引人。

　　色彩和色调在传达情感和营造氛围方面扮演着重要角色。用户通过调整色调、色温等参数，可以为视频营造出温暖、冷酷、浪漫、恐怖等不同的情感氛围，帮助观者更好地理解故事和角色。

调色要调什么

　　视频调色并非仅对色彩进行调整，实际上，它涵盖了多个方面，如画面色彩纯度的调整、明暗度的调节、反差的优化，以及最亮和最暗部位细节的微调。此外，还包括对整体画面清晰度的精细调整。因此，视频调色是一项极其复杂且精细的视频编辑过程。

　　在剪映中，用户可能需要利用亮度、对比度、高光、阴影、白色、黑色及光感等参数，对画面的明暗层次进行优化。随后，通过运用各种色轮工具，对画面的局部进行色彩渲染，或对特定色系进行调整，以达到调色的目的。这些调整的对象，正是用户处理的目标。通过这些步骤，可以使画面整体的影调和色调达到理想的效果。

一级调色与二级调色

　　视频后期调色包含两个核心环节。首要环节是一级调色，它着重于优化画面的敏感层次，确定整体的主色调，并协调特定色彩。这个过程旨在调整画面的整体色调与影调，使之更加和谐、统一。随后，用户可以借助特定工具，对画面的局部色彩进行微调，这构成了二级调色。通过这两个环节的精细调整，最终能够实现画面色调与影调的完美呈现。在下面的示例图片中，对整体画面的调色叫作一级调色，对人物腿部等部位的调色叫作二级调色。

剪映中的调色功能介绍

　　剪映的调色参数主要位于"调节"面板内。用户选中视频轨道后，可在界面右上角展开"调节"面板，其中包含"基础""HSL""曲线"和"色轮"4 个选项卡。在"基础"选项卡中，用户可以调整画面的影调层次和白平衡，以实现特定的光影效果和整体色调基调。"HSL"选项卡中的参数则用于协调特定的色彩。"曲线"选项卡中的参数用于改变画面的明暗及色彩反差。"色轮"选项卡中的参数则可以用于对画面的亮部、暗部、中间调等进行调整及色彩渲染。

　　总体来说，剪映的调色功能正逐渐从入门级向专业级过渡。尽管在某些方面，如画面局部的限定上仍有待提升，但对大多数初学者而言，当前的调色功能已足够满足需求。

借助"调节"层调色

在给视频调色的过程中，为了确保原始视频的完整性和可编辑性，不建议直接对轨道中的视频进行明暗和色彩调整，这种做法往往会导致不可逆的更改。因此，包括剪映在内的多数视频编辑软件，建议用户在调色时创建一条专门的调整轨道。这样，所有的调色操作都会在调整轨道上进行，既可实现预期的调色效果，又不会对原始视频产生不可逆的影响。

在剪映中，用户可以通过"调节"功能来实现调色效果。具体操作步骤如下：首先，在剪映主界面左上角单击"调节"按钮。然后在"调节"界面中，单击并按住"自定义调节"，将其拖入画中画轨道。确保这条调整轨道的长度与视频轨道相匹配。最后，选中这个调节轨道，后续的所有调色操作都将在这一轨道上进行。这样，就可以在不影响原始视频的前提下，自由地调整画面的明暗和色彩。

亮度

在对视频调色时，必须遵循一定的步骤。正如之前所述，首要任务是调整视频画面的明暗影调层次。启动剪映后，载入视频素材，并创建相应的调节轨道。随后，打开右侧的"调节"面板，选择"基础"选项卡。在此界面，首先调整亮度设置。若视频显得过于暗淡，应适当提升亮度；反之，若视频过于明亮，则应适度降低亮度。当前处理的视频片段亮度偏低，因此需要适当提高"亮度"值。

对亮度的调整，实际上是确定视频明暗基调的过程。完成这一调整后，该视频的整体明暗基调便基本确定。

对比度

在完成视频画面的明暗调整后，即可进一步调整对比度。通过调整对比度能够强化画面的反差效果，使亮部更明亮，暗部更暗沉。这种反差的增强有助于提升视频的通透感，改善原视频中可能存在的灰蒙蒙、不通透的问题。

注意，在处理某些逆光拍摄的视频时，过大的反差可能导致暗部细节丢失，最亮部分也可能失去层次和细节。因此，在调整对比度时，需要根据具体情况审慎判断，适当降低"对比度"值，以确保视频的整体质量和观感。

高光与阴影

经过对视频亮度和对比度的精细调整，视频的通透度得到了显著提升。然而，当前视频中仍存在一些问题。视频左上角亮度过高的部位，虽未达到刺眼的白度，但已难以辨识其中的层次和细节。同时，下方山体背光区域同样存在层次和细节模糊的问题。为解决这些问题，需要引入"高光"和"阴影"两个关键参数。"高光"参数主要用于增加画面亮部的层次和细节，而"阴影"参数则用于增加暗部的层次和细节。针对当前视频的情况，应适当降低"高光"值，使最亮部分略显暗淡，同时适当提升"阴影"值，让暗部略显明亮。通过这样的调整，亮部和暗部的层次和细节将变得更加丰富，从而提升视频整体画面的视觉效果。

白色与黑色

　　高光与阴影的调整，与对比度的调整在效果上存在一定的冲突。通过提高对比度，画面能够呈现出更为清晰、透明的视觉效果。然而，当对高光与阴影进行优化后，画面可能会在一定程度上失去这种通透性。为了解决这一问题，可以运用"白色"与"黑色"这两个关键参数来调整画面的通透性。具体而言，通过将视频中最亮的像素调整至纯白状态，同时将最暗的像素调整至纯黑状态，可以有效提升画面的通透性。在此过程中，需要注意的是，不应过度增加纯白和纯黑的像素数量，而应确保最亮的像素恰好达到纯白状态，最暗的像素恰好达到纯黑状态。这样，就可以在保持画面细节的同时，提升视频的通透性。

光感

光感指的是视频画面所呈现的光照感觉，它能够增强太阳光照射的视觉效果。考虑到当前画面的场景湿度较高，太阳光照的感觉并不明显，因此需要适当增加光感以改善视觉效果。通常情况下，为增强视频的观感，会适当提高"光感"值。然而，在夜晚拍摄的场景中，则需要降低"光感"值。

锐化与清晰

下面来看两个重要的参数："锐化"与"清晰"。这两个参数均与画面清晰度相关。提高锐化程度能够强化像素间的明暗和色彩差异，使画面更清晰。而"清晰"参数则侧重于提升景物轮廓的清晰度，其调整对轮廓的影响更为显著，能够使景物边缘轮廓更鲜明。

需要注意的是，虽然"锐化"和"清晰"的调整能够使画面更加清晰，但调整的幅度不宜过大，以免导致画面失真。

色温与色调

接下来介绍"色温"与"色调"这两个参数。这两个参数属于白平衡调整。通过调整这两个参数，可以确定视频的整体色调。若视频画面偏向暖色调，可以适当降低"色温"值。从色温与色调的对应关系来看，降低色温值会使画面色调偏向蓝色，进而使视频画面显得更冷。

观察当前视频画面，可以发现其整体偏黄程度较为严重。因此，需要降低"色温"值以纠正这一偏差。同时，视频画面还存在一定的偏绿现象，因此稍微提高"色调"值，以使视频画面的色彩更加准确。通过这一系列调整，最终确定了视频画面的主色调，即色彩基调。

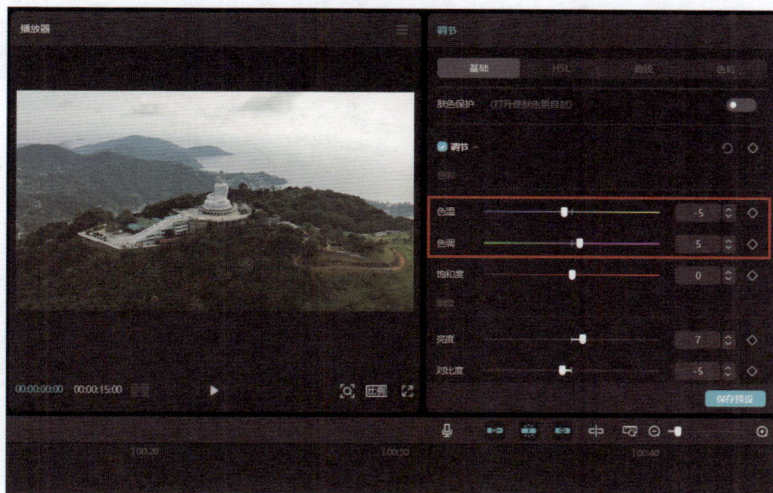

饱和度

　　饱和度是决定色彩纯净程度的关键因素。若一种色彩未受其他杂色干扰，未融入过多的黑、白色调，其纯度将极高。这种高纯度色彩往往能激发观者的兴奋感，使视频画面更具吸引力。然而，过高的饱和度会使色彩显得过于浓重，导致画面失去许多细节和质感，并产生不真实、过于腻味的感觉。因此，在制作视频的过程中，通常不建议将饱和度设置得过高。对于当前这段视频，建议适当降低"饱和度"值，以避免色彩过于浓重，让观者感到不适。

曲线

大部分调色操作完成后，切换到"曲线"选项卡，并创建一条呈现起伏较平缓的 S 形曲线，以提升画面的对比度，使其视觉效果更为清晰、通透。

剪映中的滤镜库

剪映专业版的"滤镜库"中提供了大量的调色预设，可以帮助用户快速为视频套用某种预设，实现丰富的调色效果。

在实际应用中，用户可快速使用预设，从而大大缩短了调色时间，显著提高工作效率。在某些情况下，需要确保所有视频都遵循一致的色彩风格或标准，通过应用调色预设，可以确保每个作品都达到预期的视觉效果。在团队合作中，确保所有成员都使用相同的调色预设可以确保项目的视觉一致性。对初学者来说，调色预设可以作为学习的起点。通过分析预设中的参数设置，初学者可以了解如何调整色彩以获得所需的效果。同时，这些预设也可以作为参考，帮助用户了解不同色彩调整之间的相互影响。

利用滤镜库快速调色

使用剪映中的"滤镜库"中的调色预设是非常简单的，载入素材后，单击"滤镜"按钮，再单击"滤镜库"按钮，然后单击不同滤镜进行浏览即可。选中某款滤镜后，单击滤镜右下角的蓝色加号按钮，将其添加到视频轨道上，最后调节滤镜强度即可。

美食滤镜

美食滤镜的作用主要体现在使图片中的美食看起来更具吸引力和质感，变得"活色生香"。

将视频素材导入剪映，并将其添加到下方的视频轨道中。单击"滤镜"按钮，打开滤镜库。在"美食"选项卡中预览并选择一种适合本视频的滤镜，单击滤镜右下角的蓝色加号按钮，将其添加到视频轨道中即可。

实际上，对于视频素材，还可以叠加多种滤镜效果。本示例就添加了"轻食"与"暖食"两种滤镜效果。

夜景滤镜

夜景滤镜有助于提升画面色彩，使夜景更具缤纷斑斓之姿，展现出更为逼真的色彩韵味。

下面讲解如何使用夜景滤镜进行调色。

将视频素材导入剪映，并将其添加到下方的视频轨道中。单击"滤镜"按钮，打开滤镜库。在"夜景"选项卡中预览并选择一种适合本视频的滤镜，单击滤镜右下角的蓝色加号按钮，将其添加到视频轨道中即可。在右侧的"滤镜"参数面板中可以调节该滤镜的强度。

看下方的视频轨道，可以发现没有创建调节轨道，也实现了视频的调色，并且原始视频并没有变化。由此可以看出，在借助滤镜进行视频调色时，没有必要创建调节轨道。

相机模拟滤镜

相机模拟滤镜能够模拟市场上各类相机，呈现出丰富的相机色彩表现，为画面赋予独特的风格和质感。下面讲解如何使用相机模拟滤镜进行调色。

将视频素材导入剪映，并将其添加到下方的视频轨道中。单击"滤镜"按钮，打开滤镜库。在"相机模拟"选项卡中预览并选择一种适合本视频的滤镜"空灵"，单击滤镜右下角的蓝色加号按钮，将其添加到视频轨道中即可。

复古胶片滤镜

复古胶片滤镜能够提供多样化的相机色彩效果,从而赋予画面独特的格调和质感。通过使用胶片滤镜,即便是使用普通设备拍摄的素材,也能展现出专业设备拍摄的高级感。下面介绍如何使用胶片滤镜进行调色。

将视频素材导入剪映,并将其添加到下方的视频轨道中。单击"滤镜"按钮,打开滤镜库。在"复古胶片"选项卡中预览并选择适合的滤镜"松果棕",单击滤镜右下角的蓝色加号按钮,将其添加到视频轨道中即可。

人像滤镜

　　人像滤镜能够柔化照片中人物的肌肤，减少皮肤上的瑕疵和皱纹，使人物看起来更加年轻。除此之外，还可以增强人物的特征，如眼睛、嘴唇等，使人物更加立体和生动。下面介绍如何使用人像滤镜进行调色。

　　将视频素材导入剪映，并将其添加到下方的视频轨道中。单击"滤镜"按钮，打开滤镜库。在"人像"选项卡中预览并选择一种适合本视频的滤镜"白皙"，单击滤镜右下角的蓝色加号按钮，将其添加到视频轨道中即可。

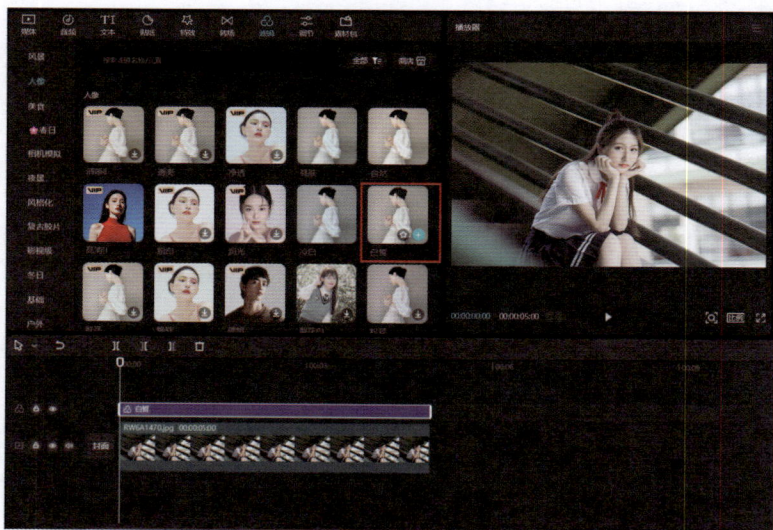

黑白滤镜

黑白滤镜能够突出图像中的对比和纹理。在黑白照片中，色彩信息被移除，只剩下亮度信息。这使得摄影师能够更加专注于图像的形状、线条和纹理，而不会被色彩所干扰。下面介绍如何使用黑白滤镜进行调色。

将视频素材导入剪映，并将其添加到下方的视频轨道上。单击"滤镜"按钮，打开滤镜库。在"黑白"选项卡中预览并选择一种适合本视频的滤镜，单击滤镜右下角的蓝色加号按钮，将其添加到视频轨道中即可。

第 11 章
关键帧动画

　　关键帧动画为剪辑师提供了实现多样化视频特效的广阔空间。通过精心剪辑和添加关键帧，剪辑师能够创造出缩放、旋转、变形等一系列生动的动画效果，使视频内容更加富有趣味性和个性。这些精心设计的特效不仅能有效吸引观者的眼球，还能显著提升视频的表现力和视觉冲击力。本章将介绍关键帧动画的制作原理和应用技巧，帮助读者更好地掌握关键帧动画制作这一技能。

什么是关键帧

　　在剪映中，关键帧是指在剪辑视频的过程中，为了控制动画、色调变化等效果而设置的重要帧。关键帧包含视频剪辑中某个特定时间点上的所有参数信息，如位置、大小、旋转角度、不透明度等。通过设置关键帧，用户可以在剪辑视频时创建平滑的动画、转场等效果，使视频更加生动、有趣。

　　例如，在实际应用中，用户可以在视频开始的位置设置一个关键帧，然后在视频中间设置一个关键帧，并在中间的关键帧位置对画面进行调色或制作特效；之后播放视频，视频会由最开始没有任何效果的画面，逐渐变化到调色后的画面，有一个色调平滑过渡的效果。

添加关键帧

在视频轨道中单击视频素材，在"画面"选项卡的"基础"面板中，单击"不透明度"右侧的菱形图标，也就是关键帧按钮，即可为视频添加一个关键帧。此时，在视频轨道中也会有相应的标记。

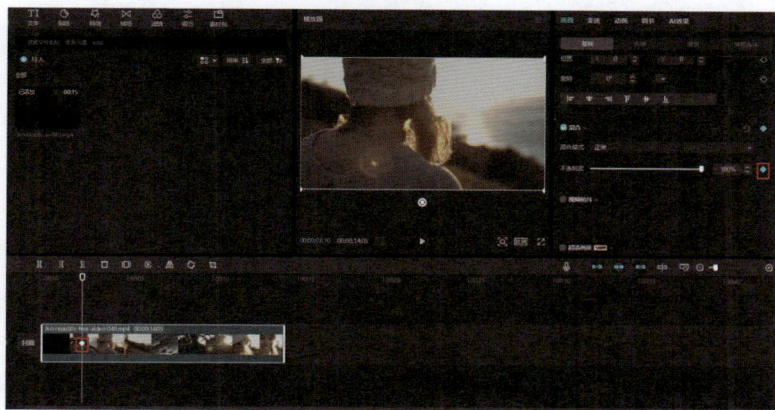

删除关键帧

如果想删除关键帧，在视频轨道中选中关键帧，按键盘上的 Delete 键即可。

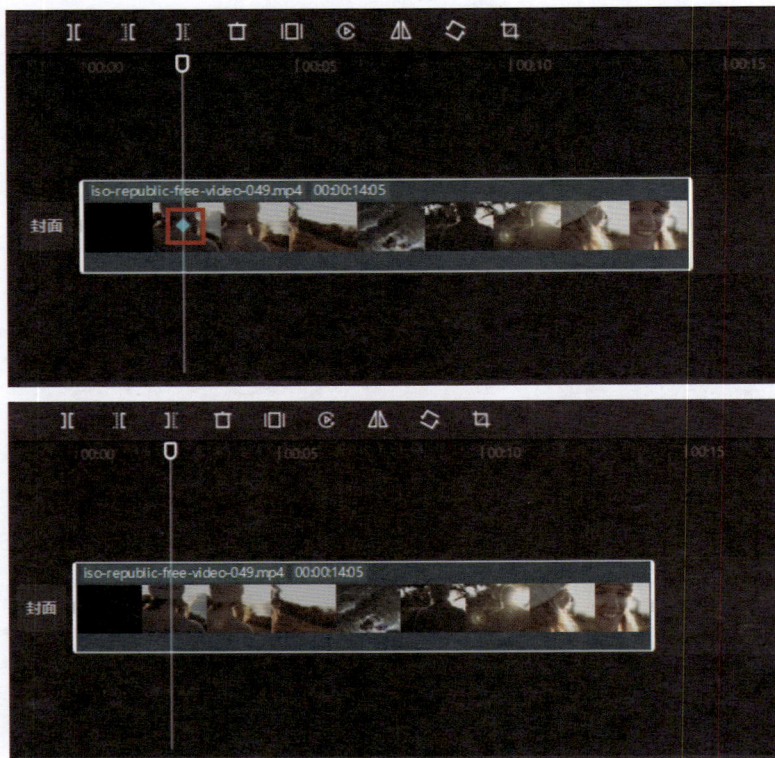

文字放大

利用剪映的关键帧功能，可以为视频画面打造出丰富多彩的动画效果，这些效果既可以体现在视频画面的变化上，也可以呈现在字幕信息的动态呈现上。接下来探索如何利用关键帧来制作文字动画效果。

首先，为视频创建一条字幕轨道，并设定字幕内容为"你好"。然后，在字幕的开始与结束位置分别设置关键帧。将时间指针置于第一个关键帧处，并调整文字的大小。随后，将时间指针移至第二个关键帧处，并再次调整文字大小。这样，在播放视频时，文字将从第一个关键帧逐渐放大至第二个关键帧，实现了文字的放大效果。当然，也可以利用类似的方式制作出文字缩小等其他动画效果。

文字变色

接下来探讨如何制作文字的变色效果。首先创建字幕轨道。接下来在轨道上设置两个关键帧。在第一个关键帧处，将文字的颜色设定为黄色。然后将时间指针移动到第二个关键帧处，并将文字的颜色设为红色。通过这种方式，就能够成功制作出文字的变色效果。

文字旋转

为了制作文字的旋转效果，首先创建字幕轨道。接下来在轨道上设置两个关键帧。在第一个关键帧处，将文字的平面旋转角度设定为 0°。然后将时间指针移动到第二个关键帧处，并将文字的平面旋转角度调整为一个较大的值，例如 360°。通过这种方式，就能够成功制作文字的旋转效果。

文字移动

接下来探讨如何制作文字移动效果。实际上，一旦理解了文字变化与关键帧之间的关系，那么实现这种移动效果就会变得相对简单。首先，创建两个关键帧。在第一个关键帧处添加文字，并将其拖动至视频画面的左下角。随后，将时间指针定位到第二个关键帧处，并在视频画面中改变文字的位置。这样，在两个关键帧之间，文字就实现了位置的移动。

注意，若希望文字在同一水平线上移动，那么第一个关键帧和第二个关键帧在 Y 轴上的位置应保持一致，以确保文字实现水平移动。

画面放大

接下来讲解如何制作画面放大效果。实际上，画面放大效果与文字放大效果类似。首先，将视频导入到轨道中。然后，在视频的开始与中间位置分别设置关键帧。接下来将时间指针置于第一个关键帧处，保持视频画面的大小不变。随后，将时间指针移至第二个关键帧处，将视频画面放大。这样，当播放视频时，就实现了画面放大的效果。

画面缩小

　　画面缩小效果与画面放大效果的操作相同。首先，将视频导入到轨道中。然后，在视频的开始与中间位置分别设置关键帧。接下来将时间指针置于第一个关键帧处，保持视频画面的大小不变。随后，将时间指针移至第二个关键帧处，将视频画面缩小。这样，当播放视频时，就实现了画面缩小的效果。

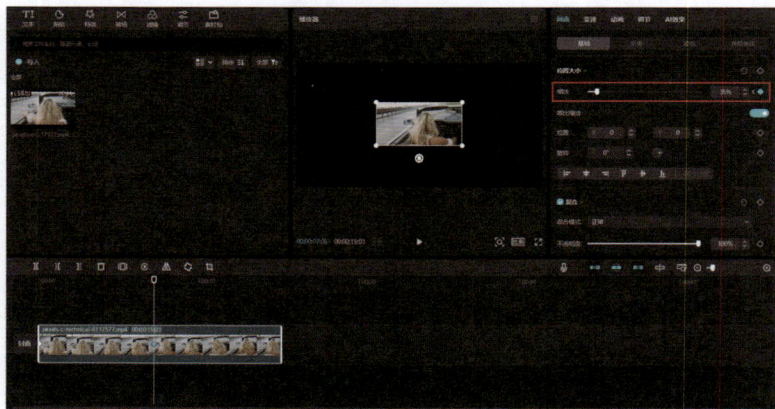

画面变暗

接下来讲解如何制作画面变暗效果。首先，将视频导入到轨道中。然后，在视频的开始与中间位置分别设置关键帧。接下来将时间指针置于第一个关键帧处，保持视频画面的亮度不变。随后，将时间指针移至第二个关键帧处，将视频画面的亮度降低。这样，当播放视频时，就实现了画面变暗的效果。

画面变色

　　利用关键帧技术，还能够对视频画面进行效果变换。具体而言，在视频轨道上设置两个关键帧，随后将时间指针移至第二个关键帧处，并对视频画面进行色彩调整。当播放视频从第一个关键帧过渡到第二个关键帧时，画面将展现出渐变的变色效果。由此可见，关键帧技术为视频制作提供了更多创意与可能性。

烟花绽放

　　利用关键帧技术，能够精细地调整视频特效，进而创造出更加动态且引人入胜的画面效果。举例来说，用户可以为视频画面增添某种特定特效，并通过调控其不透明度，使特效从完全透明逐渐变得清晰可见。接下来具体介绍如何为视频画面制作烟花绽放的视觉效果。

　　首先，打开视频，随后展开"特效"面板，选择"氛围"类别中的"烟花"特效。将"烟花"特效拖至画中画轨道，并调整其时长，以与视频长度相匹配。其次，在特效轨道的起始位置设置一个关键帧，并将该关键帧的特效不透明度设定为 0。然后，将视频时间指针拖动至特效轨道即将结束的位置，并将不透明度调整至 100。此时，剪映将自动在时间指针所在位置创建另一个关键帧。通过这样的设置，即可成功实现在两个关键帧之间烟花从无到有逐渐清晰的绽放过程。

第 12 章
剪辑中的转场

　　转场特效在视频剪辑中具有举足轻重的地位，它们不仅可以为视频增色添彩，提升观赏性，更能巧妙地传递视频的主题和情感，增强艺术感染力。通过学习和实践转场技巧，剪辑师将能够更加灵活地运用各种特效，实现画面之间的自然过渡，营造出独特的视觉效果，使视频更具观赏性和艺术价值。本章将深入探讨转场技巧的使用。

什么是视频的转场

　　视频的转场，又称视频过渡或切换，是指在剪辑视频的过程中，为从一个镜头或场景过渡到另一个镜头或场景应用的技术手段。这种过渡可以使视频内容更加流畅、连贯，并提升观者的观影体验。

　　转场可以分为技巧转场和无技巧转场。技巧转场是指通过改变画面的颜色、亮度、形状等元素，创造出一种视觉上的连贯性和流畅性，使得不同场景之间的过渡更加自然和顺畅，如叠化、百叶窗、旋转闪白、模糊等。此外，还有一些特殊的技巧转场，如多画屏分割转场和字幕转场。多画屏分割转场会将屏幕分为多个部分，可以同时展示多个情节，适用于电影开场、广告创意等场合。字幕转场则是通过字幕来交代前一段视频之后发生的事情，可以清楚地交代时间、地点、背景、故事情节和人物关系等。

　　无技巧转场是指不借助特效，而是直接用镜头切换。这种切换往往需要剪辑师把握不同镜头的内在联系，从而让人感受不到镜头过渡的痕迹，让画面变得自然。在专业的影视作品中，无技巧转场更常见。

在剪映中添加转场的方法

　　打开剪映专业版，进入剪辑界面，单击界面左上角的"导入"按钮，将素材导入到下方的视频轨道中。

　　将时间指针移至两段素材的中间位置，然后单击"转场"按钮，在"转场效果"选项卡中有各种各样的转场效果，选择一种转场，用鼠标按住该转场拖动到两段素材中间。接下来可以在右侧的参数面板中调整转场的时长。之后播放视频，即可看到应用转场的效果。

删除转场的方法

　　添加转场后，在两段素材中间的位置会出现转场的标记。想要删除转场，单击以选中转场标记，然后单击轨道区域的"删除"按钮即可删除转场。当然，也可以在转场图标上单击鼠标右键，然后根据界面中的提示按键盘上的 Backspace 键或 Delete 键来删除转场。

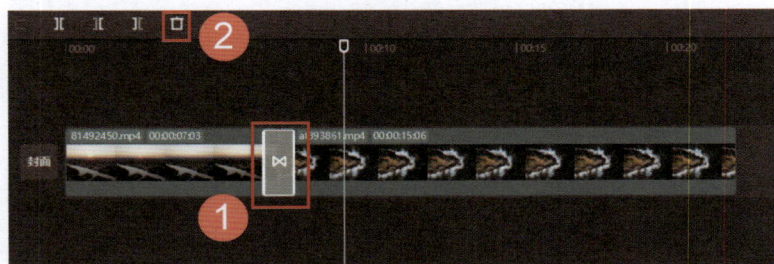

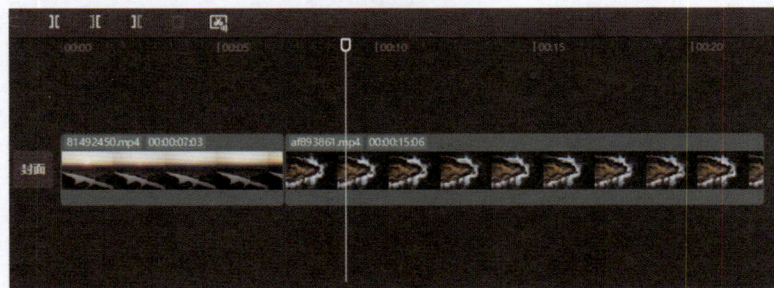

叠化转场的特点

　　叠化转场是指通过前一个镜头渐渐淡出，同时后一个镜头渐渐淡入的方式，实现两个镜头之间的平滑过渡。这种过渡方式可以使观者在看到转场时不会感到突兀，从而更加自然地接受新的画面。

　　叠化转场还可以用于表达特定的情感。例如，在表现人物情绪变化或者时间流逝等场景中，叠化转场可以带给观者强烈的时间流逝感或者人物情绪的转变。在应用叠化转场时，用户可以根据需要进行快速或者慢速的叠化，从而适应不同的场景需求。例如，快速叠化可以迅速将观者带入下一个场景，而慢速叠化则可以带给观者更多的思考和感受空间。

　　当镜头质量不佳或者两段素材出现不匹配的情况时，叠化转场可以通过其平滑过渡的特点来掩盖这些缺陷，使得观者更加专注于故事本身。

模糊转场的特点

　　模糊转场是指在两个视频片段之间添加一个模糊特效，从而使画面过渡更加自然的转场效果。这种转场效果特别适用于运动场景，因为它可以在不同镜头或场景之间创造一种流畅、连贯的视觉效果，削弱切换时的突兀感。通过这种方式，模糊转场能够增强观者对视频的整体感受，使其更加吸引人。

　　注意，模糊转场的使用应视具体情况而定，过度或不恰当地使用可能会影响观者的观看体验。因此，在使用模糊转场时，需要根据视频的内容和风格进行权衡和选择。

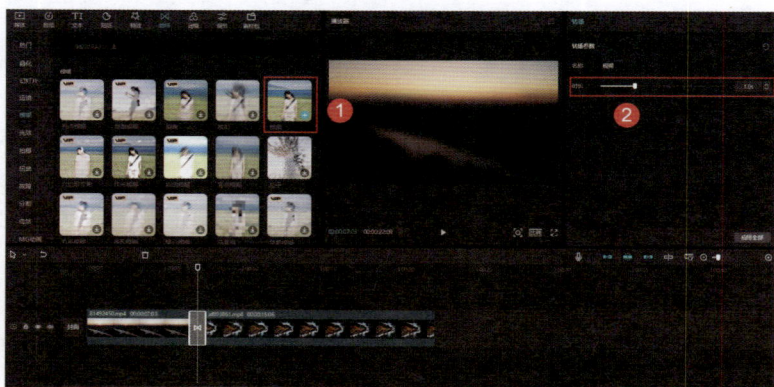

立方体转场的特点

　　立方体转场是指使用立方体这种几何形状来实现画面之间的过渡。这种转场效果可以使视频更具动感和视觉冲击力，为观者带来更加丰富的视觉体验。

　　应用立方体转场后，画面通常会以立方体的形式进行翻转、旋转或移动，从而实现从一个场景到另一个场景的平滑过渡。这种转场效果可以创造出一种三维空间感，使得视频更具立体感和层次感。

　　除了视觉上的特点，立方体转场还具有一些技术上的优势。例如，它可以轻松地处理不同分辨率和帧率的视频素材，使得转场效果更加自然、流畅。此外，立方体转场还可以与其他视频特效和音频效果配合使用，从而增强视频的整体表现力和感染力。

震动转场的特点

震动转场能够在转场瞬间产生强烈的视觉冲击力，这种冲击力能够吸引观者的注意力，让他们更加专注于观看视频，并且这种转场能够让视频制作更加生动有趣。

注意，震动转场的使用应该根据具体的视频内容和风格来决定，不能滥用。如果过度使用或不恰当地使用震动转场，可能会让观者感到头晕或不适，甚至影响视频的观感和传达效果。因此，在使用震动转场时，需要掌握好度，恰当地运用这种技巧来增强视频的吸引力，提升观者的观感和体验。

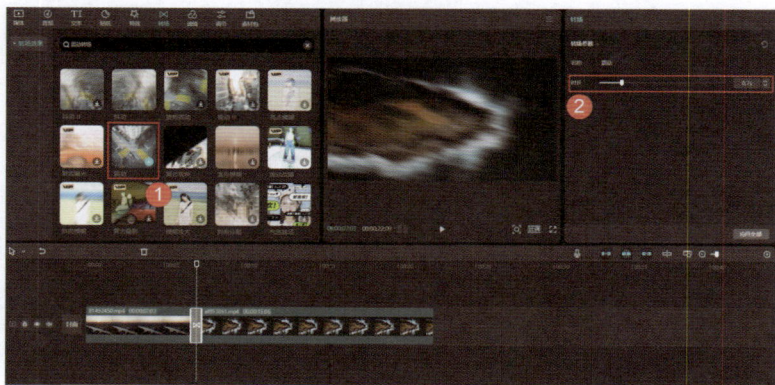

百叶窗转场的特点

　　百叶窗转场是指在两个不同的视频片段之间应用一种类似于百叶窗打开或关闭的视觉效果来进行过渡，使得两个场景之间的过渡更加自然和流畅。这种视觉效果既独特又吸引人，能够提升观者的观看体验。

　　百叶窗转场可以适应多种视频风格和场景。无论是电影、电视剧、广告还是短视频，都可以通过百叶窗转场来实现场景的过渡和转换。同时，根据不同的需求和创意，用户还可以在剪映中对百叶窗转场进行时长的设定。

闪白转场的特点

闪白转场是指在切换镜头时，画面会突然变白，然后进入下一个镜头。这种视觉效果可以吸引观者的注意力，让他们在短时间内集中精神观看。

闪白转场具有快速、简单、流畅的特点，可以有效地传达剪辑的节奏感，使故事情节更加连贯。它不仅可以用于连接两个不同的场景，还可以用于突出某个重要的动作或情节。

需要注意的是，应用闪白转场需要有良好的剪辑技巧和时间掌控能力，因为一旦操作不当，可能会造成视觉上的混乱，影响观者的观感。

无技巧转场的常见分类

无技巧转场是用镜头自然过渡来连接上下两段内容的，无技巧转场强调的是视觉的连续性。这种转场几乎没有痕迹，过渡非常自然，让视频整体看起来更专业、更有格调，并且非常流畅。常见的无技巧转场主要有以下几大类（具体应用示例将在后续介绍）。

（1）特写转场：无论前一组镜头的最后一个镜头是什么，后一组镜头都从特写开始。其特点是对局部进行突出强调和放大，展现一种平时在生活中用肉眼看不到的景别。

（2）声音转场：是指用音乐、音响、解说词、对白等元素来与画面进行配合，实现转场。

（3）相似性转场：这是一种极具创意的视觉转换，符合观者的视觉、心理习惯，可以使时空的转变流畅、自然，具体分为动作匹配、形状物品匹配、位置匹配等。即让前一个镜头和后一个镜头的动作、色彩、运动趋势等比较相似，直接进行组接转场。

（4）封挡镜头转场：在前一个镜头末尾，用手掌或其他元素遮挡镜头，在后一个镜头的开始，同样用手掌或其他元素遮挡开始。

（5）同一主体转场：前后两个场景用同一物体来衔接，让观众通过立体的延续性接受场景转换。

（6）出画入画：前一个镜头的主体走出画面，在后一个镜头中，同一主体走入画面，这两个镜头进行无技巧转场就比较有意思。在运用这种转场时，要确定主体运动方向的一致性，以及剪辑点的准确选择，出画时，不要让拍摄主体全部走出画面，而入画时，也不要从空白的镜头开始，而是从进入画面一点点开始，这样才可以确保动作的流畅和自然。

（7）主观镜头转场：前一个镜头是人物去看，后一个镜头是人物所看到的场景，具有一定的引导性。

各种门转场的技巧

　　各种不同的门，往往是封闭的内部空间与开放的外部空间的衔接，无论车门还是房门，在内部空间人们通常会有一些特定的动作，比如穿着打扮、收拾行李等，之后到外部空间，会是另外一种场景。这两个场景中间就可以借助门的开关来进行转场，实现无缝衔接。在下面的示例中，通过推开车门及关门来完成场景的转换。

划动类转场的技巧

　　滑动类转场是指借助人物的手或手中的一些道具，在镜头前滑动，以衔接前一个与后一个场景，营造出两个场景无缝衔接的效果。在下面展示的示例中，前一个场景是在商场内，临近结束时，人物用手遮住镜头并滑动；而后一个场景是在公园中，以人物的手在镜头前滑动作为开始，从而实现了两个场景的无缝衔接。

　　注意，无论是手还是道具，在镜头前的滑动方向最好是一致的，这样衔接的效果会更流畅、更完美。

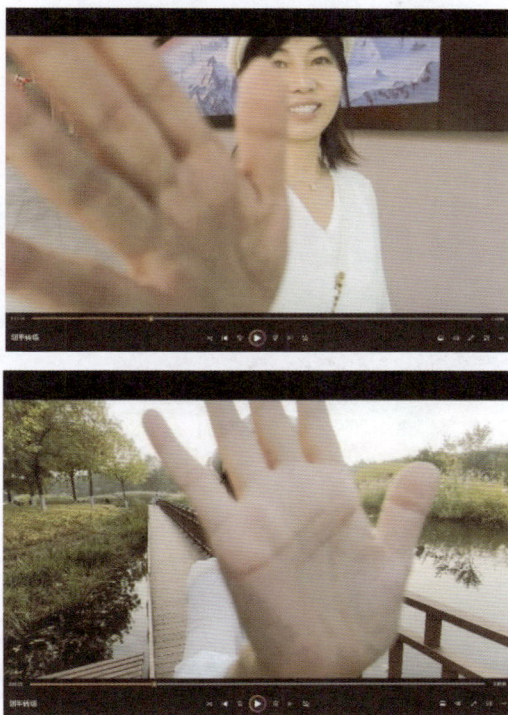

身体遮挡转场的技巧

　　身体遮挡转场是指前一个场景临近结束时，人物径直走向镜头，将镜头完全遮挡住，画面结束；当下一个场景开始时，镜头要对准人物身体并尽量靠近，让人物身体完全遮挡住镜头，然后人物渐渐远离，显示出整个人物及场景。通过转场位置前后的遮挡，形成一种无缝的衔接效果。在下面的示例中，前一个场景在商场内，后一个场景在公园中，两个场景是通过身体遮挡无缝衔接起来的。

地面或楼梯转场的技巧

　　以人物的脚步或地面不断延伸的方向作为转场，也可以让两个场景产生无缝衔接的效果。下面的示例借助人物的脚步实现了一种无缝转场：在前一个场景中，人物走入画面，然后走上扶梯，在即将停止行走时画面结束；后一个场景画面以人物上楼梯作为开始，随后沿着楼梯往上走。前后两个场景形成持续行走的连贯感，从而实现了无缝衔接的效果。

借用跳跃转场的技巧

　　跳跃转场是指前一个场景临近结束时，人物以一个跳跃结束，在下一个场景开始时，人物以一个跳跃动作为开始，之后再转为正常状态，将前后两个镜头跳跃的动作拼接在一起，即可实现从前一个场景跳到后一个场景的无缝衔接的效果。

　　注意，前一个场景临近结束时起跳，不要等待完全落下才结束，而后一个场景开始时，不要从人物开始起跳的位置开始，而是跳起之后即将要落下的时候作为开始，这样才能形成从前一个场景跳到后一个场景的转场效果。

借用眼球转场的技巧

　　眼球转场是一种主观镜头的应用，主要是借助眼球来进行转场，从而实现无缝的转场效果。在下面的示例中，可以看到镜头不断靠近人物的眼睛，然后开始下一个场景，这样仿佛后一个场景是前一个场景人眼看到的效果。

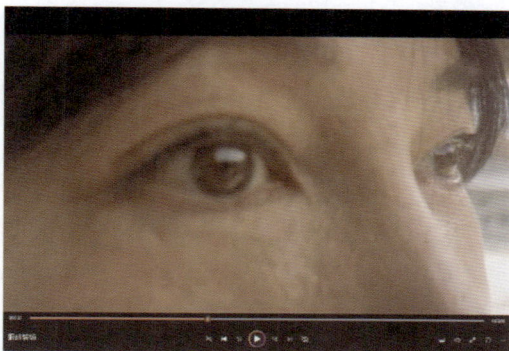

遮挡物遮挡转场的技巧

　　前面介绍过用拍摄对象自身作为遮挡来进行转场，实际上，还可以借助一些树木、大的立柱、墙体等来进行遮挡。在前一个场景结束时，人物走过墙体或立柱（或树木）；而后一个场景开始时，人物从遮挡物后走出来，那么这两个场景就可以借助遮挡物实现转场。

　　在下面的示例中，人物在商场之内走动，然后转换成人物从大树后方走出来，从而营造出了一种仿佛从商场直接走到公园中的效果。

坐下—站起转场的技巧

借助人物"坐下"与"站起"两个动作的衔接也可以实现无缝转场。具体而言，若前一个场景结束时人物有坐下的动作，而后一个场景以人物由坐下状态站起作为开始，那么这两个场景即可实现无缝衔接。

从下面的示例中可以看到：前一个场景结束时人物坐下；后一个场景开始时人物站起，随后在公园中走动。这里无缝转场的关键在于剪辑点的选择，前一个场景结束于人物坐下的动作彻底完成时，后一个场景从人物即将站起的时刻切入。若后一个场景开始后，人物保持坐姿的时间过长，转场效果会明显变差。

第 13 章

蒙版与混合模式

　　蒙版与混合模式作为剪映中的两大实用工具，为剪辑师们提供了丰富的创意空间。熟练掌握这些工具的使用方法，无疑将助力剪辑师剪辑出更具创意的短视频画面。本章将深入介绍蒙版与混合模式的运用，帮助大家更好地掌握这些技巧，从而打造出别具一格的视频作品。

认识蒙版

蒙版是剪映中非常实用的一个工具，它可以帮助用户对视频或图片进行局部遮罩，以实现多种视觉效果。具体来说，蒙版可以用于突出重点、隐藏某些区域或实现特殊的视觉效果，最终帮助用户创造出更加专业和有趣的视觉效果。通过灵活运用蒙版功能，用户可以让自己的视频更加生动、有趣和引人注目。

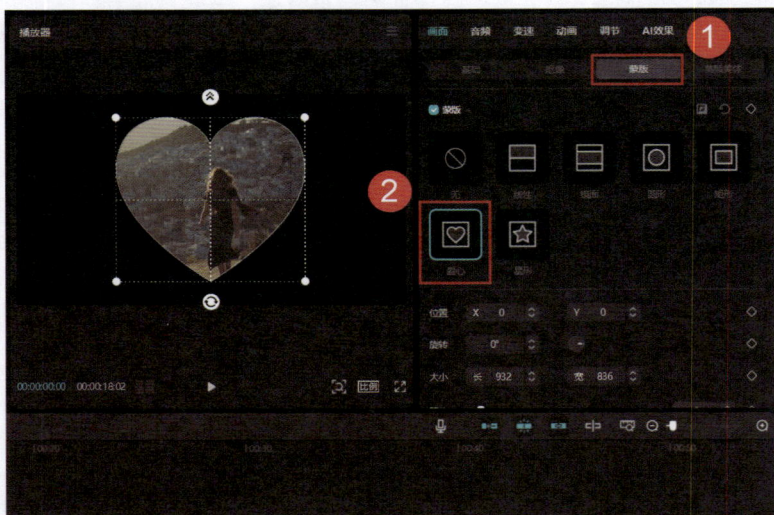

添加画中画轨道

在看电视时，大家一定见到过画面上同时出现一个小窗口播放另一段视频的情况，这便是所谓的画中画效果。在剪映这款视频剪辑软件中，用户可以利用不同的视频轨道来制作这种效果。其操作相当简单，只需打开一段视频，按住键盘上的 Alt 键，同时按住鼠标左键并向上拖动已载入的主视频轨道，即可复制出一条新的视频轨道，人们称之为第二视频轨道或画中画轨道。此外，用户还可以通过在主视频轨道上单击鼠标右键，在弹出的快捷菜单中选择"复制"命令并将其粘贴到上方轨道，同样可以实现画中画轨道的创建。

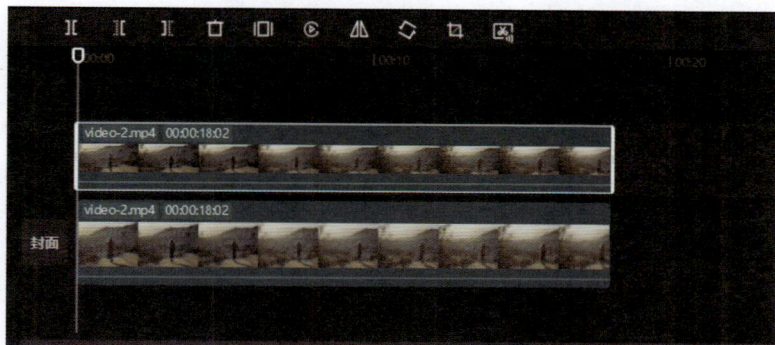

使用蒙版遮盖水印

　　在制作视频的过程中，如果画面中存在水印，可能会对整体视觉效果产生干扰。为了消除这种干扰，可以采用模糊处理的方式遮挡水印。这种处理方式类似于视频画面中的局部打码效果。

　　首先，将带水印的图片加载到主视频轨道上，并在其上方创建一个模糊轨道，然后将其导出备用。再将模糊的图片与原图片一起导入。完成上述步骤后，展开"画面"面板，并选择"蒙版"选项卡。在这里，选择"矩形蒙版"。此时，画面中会出现一个矩形的模糊区域。

　　接下来使用鼠标拖动模糊区域，使其覆盖住水印。然后，按住模糊区域的边线，调整其大小，确保它完全覆盖住水印。这样，就成功地遮挡住了图片中的水印，从而提升了图片的视觉效果。

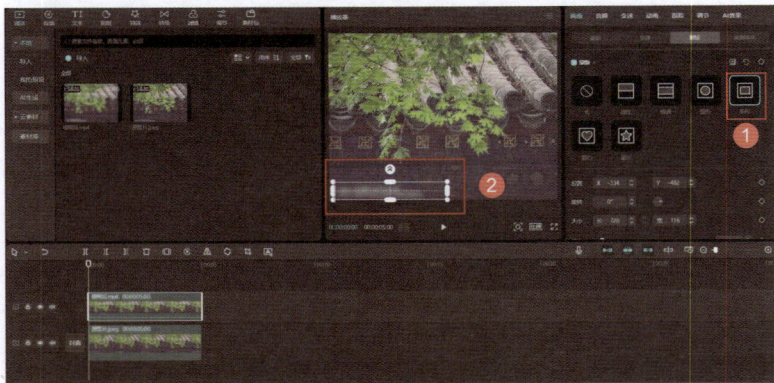

使用蒙版合成视频

　　利用蒙版技术，能够对视频画面进行精细的合成操作。下面以一个具体的示例来说明这一过程。在主视频轨道上，可以观察到这段素材的天空部分没有太阳，显得较为单调。为了增强视觉效果，可以在画中画轨道中加载一段含有太阳的天空素材。接着，在"蒙版"选项卡中选择"线性蒙版"，并通过鼠标拖动画面中的白色线条（即蒙版线）来调整其位置。这样，含有太阳的天空将逐渐覆盖原本单调的天空部分。此外，通过单击白线上方的双向箭头并拖动，可以调整羽化度，以控制蒙版与未添加蒙版区域之间的平滑过渡，从而实现无痕的合成效果。

混合模式的分类

　　混合模式是一种图层处理技术，通过将两个或多个图层混合，可以创造出多样化的视觉效果。利用混合模式，用户可以调整图像的亮度、对比度、颜色和不透明度等属性，为图像赋予独特的视觉风格。混合模式主要用于图层与底层图层的混合处理，以实现各种不同的艺术效果。此外，混合模式还有助于提高图层间的色彩融合度，使图像更加生动且更具趣味性。

　　在剪映专业版中，除了正常的混合模式，另设有 10 种特殊的混合模式，可归纳为 3 类：减亮、减暗及对比。减亮组旨在消除图像亮部，仅保留暗部，包括变暗、正片叠底、颜色加深及线性加深等模式。减暗组则侧重于消除图像暗部，仅保留亮部，包括滤色、变亮及颜色减淡等模式。对比组则会将上下两层图层叠加，消除中间灰色调，使暗部更深，亮部更亮，包括强光、叠加及柔光等模式。

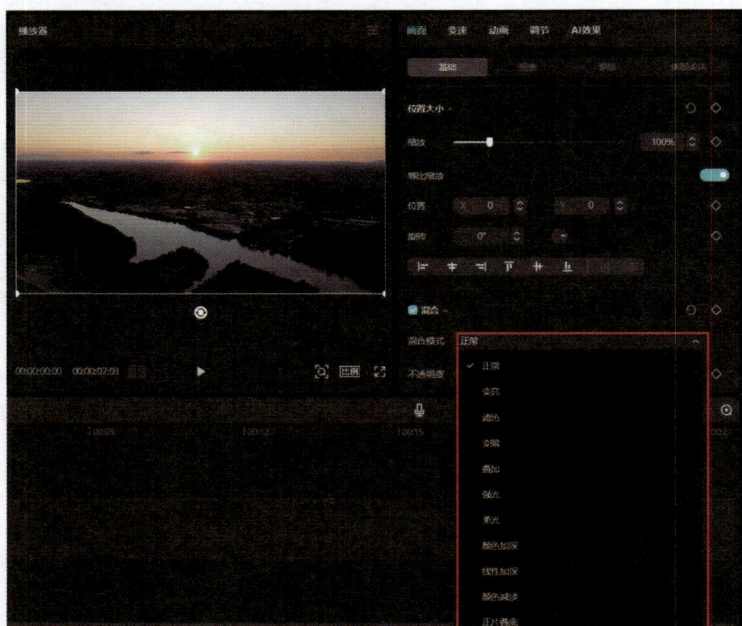

镂空文字开场，增强视频的创意性

下面详细介绍创建镂空文字效果的方法。首先，将一段视频素材导入主视频轨道。随后，在展开的素材库上方的搜索框中输入"文字模板"，下方将展示大量与文字相关的素材和图片。单击以选中某个素材，将其拖入画中画轨道。接着单击画中画轨道右侧的白色拉杆，调整素材的长度，确保其与主视频轨道对齐。

此时，在右侧的"基础"面板中，选中"混合"复选框。在"混合模式"下拉列表中选择"变暗"选项，即可实现镂空文字效果。为何选择"变暗"模式呢？这是因为"变暗"模式能够保留视频叠加效果中的暗背景，而亮背景则不会被保留。在此例中，选择的素材是一个整体黑色的图片，属于暗背景，因此会被保留下来。而"文字模板"中的字内容则是白色的，由于选择了"变暗"模式，因此白色部分将不会被保留，从而显示出下方的视频内容。

倒计时开场，打造紧张的氛围

为了营造紧张的氛围并吸引观者注意力，可以制作一个倒计时的开场效果。首先，打开视频素材库，并在搜索框中输入"321 倒计时"，可以看到有大量可用的倒计时效果。接下来从左下角选择一个合适的素材，并将其拖入画中画轨道。在勾选"混合"复选框后，选择"变亮"混合模式。之所以选择"变亮"，是因为在此模式下，滤镜库中视频素材的黑背景将不会被保留，而白色部分则会被保留下来。这样，黑色文字和背景将被排除，从而露出下方的视频画面，并呈现出所需的倒计时效果。